刘 波 王晓凡 著

新时代气象科普的定位和发展方向研究

图书在版编目（CIP）数据

新时代气象科普的定位和发展方向研究 / 刘波，王晓凡著. -- 北京 : 气象出版社，2022.6
ISBN 978-7-5029-7727-6

Ⅰ. ①新… Ⅱ. ①刘… ②王… Ⅲ. ①气象－科普工作－研究－中国 Ⅳ. ①P4

中国版本图书馆CIP数据核字(2022)第095882号

新时代气象科普的定位和发展方向研究
Xinshidai Qixiang Kepu de Dingwei he Fazhan Fangxiang Yanjiu

出版发行：气象出版社
地　　址：北京市海淀区中关村南大街46号　　邮政编码：100081
电　　话：010-68407112（总编室）　010-68408042（发行部）
网　　址：http://www.qxcbs.com　　E-mail：qxcbs@cma.gov.cn
责任编辑：宿晓凤　邵　华　　终　　审：吴晓鹏
责任校对：张硕杰　　责任技编：赵相宁
设　　计：北京追韵文化发展有限公司
印　　刷：北京地大彩印有限公司
开　　本：710mm×1000mm 1/16　　印　　张：14
字　　数：170千字　　彩　　插：2
版　　次：2022年6月第1版　　印　　次：2022年6月第1次印刷
定　　价：78.00元

序 言

习近平总书记指出："科技创新、科学普及是实现创新发展的两翼，要把科学普及放在与科技创新同等重要的位置。没有全民科学素质普遍提高，就难以建立起宏大的高素质创新大军，难以实现科技成果快速转化。"气象与经济社会发展、与人们日常生产生活息息相关，气象工作关系生命安全、生产发展、生活富裕、生态良好。气象科学素质是公民科学素质的重要组成部分。加强气象科普，提升公民气象科学素质，是实施国家创新驱动发展战略的必然要求，是保障人民美好生活、建设美丽中国的现实需求，也是气象事业科学发展的内在需求。

当前我国开启了跻身创新型国家前列的新征程，站在新的历史起点上，公民气象科学素质建设应当担当更加重要的使命。本书探讨了中国特色社会主义进入新时代后，尤其是习近平总书记提出"两个同等重要"的重要论述之后，气象科普在科普信息化、科普定量评估、气象科普人才队伍建设、科普服务国家重大战略（乡村振兴、生态文明建设）等方面如何找准自身定位，如何融入气象业务服务体系，如何面对未来发展等问题。

本书是自2015年起我带领中国气象局气象宣传与科普中心科普部承担的中国气象局和中国科协软科学项目研究成果的集中体现，是项目组所有成员集体协作的结晶，谨在此对以下参与研究的成员们表示衷心感谢：康雯瑛、任珂、王海波、武蓓蓓、徐嫩羽、孙楠、李陶陶、李晨、张倩、姚锦烽、赵果、王佳禾、郭起豪、李海青、王慧敏、陈云峰、王省、李新、穆俊宇、李梁威、倪海娜、赵宇扬、温晶、任俊、张娜、董旭、李一鹏、卢健、唐立岩、庞博、刘瑛、张伟民、何孟洁、徐晨、赵洪升、陈健、朱紫阳、杜怡心、达芹和王德英。特别感谢李晨、王晓凡、穆俊宇为本书制图。

受作者水平所限，书中难免存在疏漏和错误，敬请读者不吝赐教，我们将在今后的工作中不断改进完善。

2022年3月

目录

第 1 章
公民气象科学素质提升战略

气象学是基础应用型科学，气象事业是科技型、基础性、先导性社会公益事业，与社会发展和人民群众的生产生活具有很高的相关性，气象科学素质是全民科学素质的重要子集。中国特色社会主义进入新时代，我国社会主要矛盾已经转化为人民日益增长的美好生活需要和不平衡不充分的发展之间的矛盾。而应对气候变化、防灾减灾、生态文明建设等与人民美好生活息息相关。《全国气象发展“十四五”规划》《“十四五”公共气象服务发展规划》均明确提出“提升全民气象科学素养”的任务。《中国气象科技发展规划（2021—2035年）》也提出“加强气象科学普及和创新文化建设”的气象科技创新体系建设任务。《气象科普发展规划（2019—2025年）》更是聚焦新时代，提出未来气象科普发展的重点任务和工程。在新时代，气象服务于国家战略和社会经济发展新需求从来没有像今天这样紧迫。在此背景下，公民气象科学素质提升更需要从战略角度加强顶层设计，紧紧围绕为实现气象现代化、气象事业高质量发展乃至全面建成社会主义现代化强国的第二个百年奋斗目标服务来开展深入研究。

1.1 公民气象科学素质提升战略研究的背景与意义

1.1.1 公民气象科学素质提升战略研究背景

提升全民科学素质是一项基础性工作，也是一项战略任务。自国务院颁布《全民科学素质行动计划纲要（2006—2010—2020年）》起，我国公民科学素质的建设正式纳入全党全国的工作大局。继党的十八大报告将“普及科学知识，弘扬科学精神，提高全民科学素养”作为全面建成小康社会的重要任务之后，党的十九大报告再一次提出“弘扬科学精神，普及科学知识，开展移风易俗，弘扬时代新风行动，抵制腐朽落后文化侵蚀”，并把科普工作置于“坚定文化自信，推动社会主义文化繁荣兴盛”的重要位置。中国特色社会主义进入新时代，建设科技强国、质量强国、航天强国、网络强国、交通强国、数字中国、智慧社会不仅需要高深的前沿科学支撑，同样需要广大人民的科学素质作为基础，习近平总书记在2016年“科技三会”[①]上指出：“科技创新、科学普及是实现创新发展的两翼，要把科学普及放在与科技创新同等重要的位置。没有全民科学素质普遍提高，就难以建立起宏大的高素质创新大军，难以实现科技成果快速转化。”正如《全民科学素质行动规划纲要（2021—2035年）》指出的，科学素质建设站在了新的历史起点，开启了跻身创新型国家前列的新征程。

① 2016年5月30日，全国科技创新大会、中国科学院第十八次院士大会和中国工程院第十三次院士大会、中国科学技术协会第九次全国代表大会在北京人民大会堂隆重召开。

学界关于全民科学素质内涵的研究主要是参照国际公众科学素质促进中心米勒（J. D. Miller）创立的体系。米勒认为，科学素质是社会公众所具备的对科学技术最基本的理解能力。之后的国际学生能力评估计划（PISA）、美国学者克鲁佛的“五要素说”、恩哲的“六要素说”、沙瓦尔特的“七要素说”，从科学概念、科学原理、科学定律、科学方法、科学技能、科学态度、科学与人类的关系、科学与社会的关系等方面完善了科学素质的内涵与外延。此外，关于科学素质的衡量标准也逐渐完善，除了乌诺和拜比（Uno & Bybee）的科学素质四个水平、沙莫斯（Shamos）的科学素质三个层级等描述性定义外，定量性的量表也不断发展。从20世纪70年代摩尔和萨特曼（Moore & Sutman）设计的科学态度量表（SAI），到21世纪韩国学者设计的全球科学素质调查问卷（GSLQ），构建了科学素质的测量框架，为提升科学素质奠定了基础。不过，我国学者认为，随着科学素质内涵的不断丰富，该体系弊端显现，比如缺少对科学能力的关注，并且科学素质应根据不同群体进行有针对性的研究，以及应进行战略研究等。

具体到气象科学素质上，我国学者对新形势下气象科普体系建设、科普资源建设等问题开展了研究，也对气象科普素质指标体系和评估方法进行了构建。但综合来看，多聚焦在气象科普活动、气象科普媒体发展、校园气象科普发展等具体领域，缺乏战略研究。在公民气象科学素质提升工作亟须战略眼光的背景下，开展此项研究十分具有必要性。

1.1.2 公民气象科学素质提升战略研究意义

党的十九大报告指出，人民美好生活需要日益广泛，不仅对物质文化生活提出了更高要求，而且在民主、法治、公平、正义、安全、环境等方面的要求日益增长。尤其在科教兴国、生态文明建设、防灾减灾救灾、应对气候变化等方面，气象科学素质提升可以有效满足公民在这些方面的知识、技能需求和科学精神的养成。当前，在全球气候变化背景下，在极端气象灾害多发、频发、重发的态势下，政府对于通过提高个人防灾减灾知识储备来进一步减少经济损失和人员伤亡的意愿，以及公众对于增强气象防灾减灾技能、应用气象服务产品更好地保护生命财产安全的愿望比以往任何时候都要迫切。

我国将大力实施乡村振兴战略，农业、农村、农民问题是关系国计民生的根本性问题。而气象科学知识和气象为农服务能够帮助农民更好地抵御自然灾害、选择更优的种植方式，从而增产增收，保证国家粮食安全。同时，边疆地区、贫困地区都是气象防灾减灾能力较为薄弱的地区，常常出现因灾致贫返贫的现象，而加快的城镇化格局，也会带来城市脆弱性和暴露度的增加，潜在的灾害风险就会加重。此时，在政府提供必要的保障措施的前提下，提升个人的气象科学素质对于巩固脱贫攻坚成果、全面推进乡村振兴能起到更好的效果。

党的十九大报告还提出，要提高保障和改善民生水平，加强和创新社会治理，同时要坚决打好防范化解重大风险攻坚战。带领人民创造美好生活，离不开人们规避自然风险以及对自然环境信息的有效运用，趋利避害正是提升气象科学素质的具体体现，因此，要把气象科普视为公共气象服务体系的重要组成部分，渗透到学校、社区、企事业单位等方方面面，找到量化全民气象科学素质的标尺，通过政策制定，全力开展气象科普工作。

提高公民气象科学素质将有效服务于生态文明建设。当前，生态文明建设不仅是人们美好生活的内在需求，也是中国参与全球环境治理的外部需求。党的十九大报告指出，我国将加大生态系统保护力度，实施重要生态系统保护和修复重大工程，优化生态安全屏障体系，开展国土绿化行动，推进荒漠化、石漠化、水土流失综合治理。这其中，人工影响天气、气象遥感应用能够发挥极大作用，提高社会各界对相关气象科学问题的认识，有助于更好地开展相关工作，促进改善环境状况。

我国将建立健全绿色低碳循环发展的经济体系，壮大节能环保产业、清洁生产产业、清洁能源产业。提升气象科学素质，有利于社会各界了解风能、太阳能等清洁能源的科学机理，从而更好地转化为支撑产业发展的技术。

我国将着力解决突出环境问题，尤其是持续实施大气污染防治行动，打赢蓝天保卫战，需要社会组织和公众的参与。而想要获取社会各界的力量，就必须做好气象科普，提升人们对大气污染问题的科学认识，营造共治共享的良好氛围。

气候变化是当今人类面临的重大全球性挑战。2020年9月，习近平主席在第七十五届联合国大会一般性辩论上的讲话中宣布，中国二氧化碳排放力争于2030年前达到峰值，努力争取2060年前实现碳中和。应对气候变化是全球共同的责任，也是全球绿色低碳转型的大方向，“双碳”目标是我国积极应对全球气候变化的重要战略决策。在此背景下，提升公民气象科学素质，不仅关乎国家绿色发展、应对气候变化及节能减排政策的贯彻落实，也关乎中国参与国际气候合作和治理的深度。2015年中国公民科学素质抽样调查新增了公民对全球气候变化等科技议题的理解和态度，调查显示，具备科学素质的公民对科技发展带给人类的影响有更理性的认识，有70.4%的人认为减缓全球气候变化比促进经济发展更重要。

总之，提升公民气象科学素质对于整体公民科学素质的提升具有非常重要的直接推动作用，对于实现全面建成社会主义现代化强国的第二个百年奋斗目标也具有一定的间接辅助作用。本部分内容旨在厘清公民气象科学素质相关工作现状，探寻存在的问题和困难，进而提出相关战略思路和应对之策。通过战略理论研究指导实践，为提升后续气象科普工作效率和效益指明方向及路径。

1.2 提升公民气象科学素质工作问题梳理及形势预判

1.2.1 气象科学素质的内涵

《全民科学素质行动计划纲要（2006—2010—2020年）》中把公民科学素质定义为公民素质的重要组成部分，具体概念为：“公民具备基本科学素质一般指了解必要的科学技术知识，掌握基本的科学方法，树立科学思想，崇尚科学精神，并具有一定的应用它们处理实际问题、参与公共事务的能力。”而《全民科学素质行动规划纲要（2021—2035年）》对公民科学素质的概念进行了一定程度的调整：“公民具备科学素质是指崇尚科学精神，树立科学思想，掌握基本科学方法，了解必要科技知识，并具有应用其分析判断事物和解决实际问题的能力。”两个概念虽一以贯之地强调科学知识、科学方法、科学思想和科学精神的重要性，但最新的概念结合当前国内国际科技发展状况和创新工作需求，在四者的优先级上作了调整。具体到气象领域而言，公民具有基本气象科学素质可以理解为，公民在掌握必要的气象科学知识的基础上，能够崇尚气象科学精神，并通过运用气象科学思想、气象科学方法对现实中气象领域以及个人、社会与气象相关的问题作出正确判断和明智选择的能力（图1.1）。气象科学与生活生产的方方面面关系密切，气象科学素质是公民科学素质的重要组成部分，具备气象科学素质是人们能够科学主动趋利避害、保护生命财产安全、保障美好生活的前提和基础。

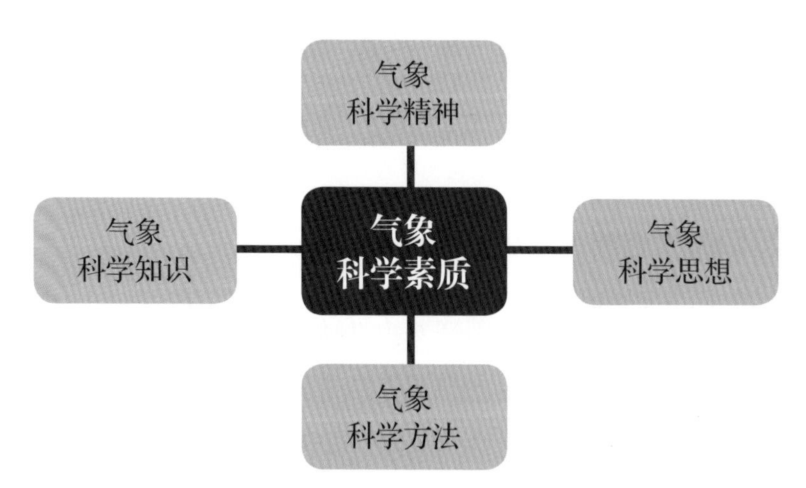

图1.1　气象科学素质的内涵（制图：王晓凡）

公民具备气象科学素质，关键在于具备气象科学精神、气象科学思想、气象科学方法和气象科学知识，并能将其在实践中应用。气象科学精神是人们在长期的气象科学实践活动中逐渐形成的共同思维信念、行为规范和价值标准，是贯穿于整个气象科学活动过程的基本思维方式和精神状态。气象科学思想是对气象科学知识进行全面客观的总结概括后形成的思想观念体系，是经过提炼的、能够发现和解释其他同类或更多事物的合理观念和推断法则，对进一步的、更广泛的气象科学研究和实践具有导向作用。气象科学方法是人们在认识和改造世界时遵循或运用的、符合气象科学一般原则的各种方式和手段，包括在气象科学理论研究、应用研究、开发推广等活动中采用的思路、程序、规则、技巧和模式等。气象科学知识一般由气象科学用语、基本概念、基本原理、基本规律等构成，是气象科学素质的理论基础。

气象科学知识是气象科学素质最基础的要素，气象科学方法是掌握和应用气象科学知识的手段，在运用气象科学知识和方法的实践中逐渐形成气象科学思想，气象科学精神则贯穿各要素始终。可以说，公民培育气象科学素质的过程就是：学习气象科学知识、掌握气象科学方法、树立气象科学思想，将气象科学精神贯穿培育全过程，以保证知识、方法和思想之“科学”，并具有一定的应用它们处理实际气象问题、参与气象公共事务的能力（主要指气象灾害防御能力和应对气候变化等能力）。气象科学是一门应用性很强的科学，因此与一般科学素质相比，具备气象科学素质更加强调掌握气象科学方法，更偏重要求公民具有一定的应用科学处理实际问题、参与公共事务的能力。

气象科学素质的发展以气象科学知识方法的掌握和积累为基础，气象科学知识技术的内化、升华有利于公民逐步提高气象科学能力。公民是否具备基本科学素质，可以通过公民科学素质指标（Civic Scientific Literacy，CSL）衡量。公民科学素质指标是反映群体公民科学素质发展水平的综合指标，由了解科学知识、理解科学方法、理解科学技术对个人和社会的影响三部分构成。因此，一个具备基本气象科学素质的公民，应该能够在“了解气象科学知识”“理解气象科学方法”和“理解气象科学技术对个人和社会的影响”三方面都达标。

1.2.2 公民气象科学素质提升的现状和进展

气象相关部门历来高度重视提升公民气象科学素质。党的十八大以来，气象科普工作社会化、常态化、业务化、品牌化取得长足进展，气象知识和文化得到广泛传播，公民对气象科学知识、方法的了解不断加深，对气象重要性的认识不断提高。

（1）加强科普管理，不断完善气象科普工作体制机制

气象科普工作建立了长效机制。一是加强气象科普顶层设计。气象科普工作纳入《全民科学素质行动规划纲要（2021—2035年）》，气象知识普及率成为实现气象现代化指标之一。印发了《气象科普发展规划（2019—2025年）》，并在多个专项规划中列入了气象科普的任务和要求，如《全国气象发展“十四五”规划》《“十四五”中国气象局应对气候变化发展规划》《“十四五”公共气象服务发展规划》等。二是制定完善气象科普制度。印发《中共中国气象局党组关于加强气象宣传工作的意见》《国家气象科普基地管理办法》《全国气象科普教育基地管理办法》《中国气象局园区科普基地建设指导意见》等。全国大部分省级气象局也已相应建立配套的气象宣传科普工作规划、制度。三是建立气象宣传科普联席会议制度。定期组织气象宣传科普会商会，印发阶段工作重点提示，加强全国气象宣传科普业务服务联动。

气象科普组织机构与人才队伍逐步健全。“政府推动、部门协作、媒体搭台、社会参与”的气象科普工作格局形成。中国气象局办公室承担科普工作归口管理职责，科技与气候变化司承担全民科学素质行动落实管理职责，两者共同加强对全国气象部门科普工作的组织协调和政策引导。中国气象局气象宣传与科普中心发挥气象科普“国家队”作用，做好全局性重大科普组织协调策划，发挥示范引领带动作用，对省级气象科普业务工作给予指导。中国气象报社、气象出版社和中国气象局气象影视中心作为科普工作的主力军，发挥主阵地、主渠道作用，并为气象科普工作提供优质资源和强有力的支撑。国家级各业务单位发挥专业资源优势，发挥专业领域的科普窗口展示作用。各省级气象部门积极推动气象科普工作纳入地方科普工作，加强对下指导，支持国家级科普机构完成各项任务。省级以下气象部门明确科普工作任务，理顺运行机制，支持和鼓励基层科普工作。目前，气象部门初步形成了包括专职人员、专家、志愿者的气象科普专、兼职队伍。气象科普业务人员纳入气象部门高层次人才培养计划，气象高级职称评审增加气象科普方向。中国气象局办公室委托气象宣传与科普中心开展首批气象科普专家遴选，并由其制定《气象科普专家库管理办法（试行）》。气象科普工作交流和业务培训不断丰富，定期举办全国气象科普观摩交流活动，全国气象科普作品（图书）、微视频、科学实验展演等推荐活动和全国气象科普业务培训班，并与高校合作开展科普人才协同培养。

（2）推进科普业务化，气象科普综合业务能力明显增强

强化气象科普业务能力建设。推进气象科普管理工作实时化、信息化、平台化发展。搭建国家、省、市、县四级，涵盖业务到政务的科普管理“五平台”，即气象宣传科普和信息管理平台、气象科普基地信息管理平台、气象部门政府网站管理平台、宣传科普资源共享平台、舆情监控平台，进一步规范管理流程、集约统筹资源、实时共享信息、提高工作效率。“十三五”期间，建成了全国气象宣传科普资源共享与传播平台，实现图书、文章、图片、音频、视频等各种形式的气象科普资源全国共享；气象宣传科普业务支撑平台建设项目稳步推进；气象科普渠道全媒体拓展，初步建成了以中国气象科普网为主体，以中国气象网（科普频道）、中国天气网（科普频道）为两翼，以其他各级各类气象网站（科普专栏）为依托的气象科普网站体系，气象科普微博、微信、客户端等新媒体矩阵声势日益壮大。

加强气象科普基础设施建设。全国气象部门发挥管理体制优势，大力建设国家、省、市、县四级实体气象科普场馆体系。2019年，中国气象局、科技部联合印发了《国家气象科普基地管理办法》。2021年，气象行业拥有国家气象科普基地16家、全国气象科普教育基地401家（综合类246家、示范校园气象站类124家，基层防灾减灾社区类31家）、全国校园气象科普教育示范县（试点）1家，以及一批气象教育特色学校。国家级“1+N”特色气象科普示范场馆初步建成。其中“1”是指中国气象科技展馆，“N”是指国家级单位结合自身特色建设的具备科普功能的展示空间。此外，全国已建成1000余个校园气象站，各省、区、市气象部门联合科学技术协会、科技部门、教育部门建立气象防灾减灾科普示范学校1200多所。

（3）推进科普品牌化，气象科普内容和形式持续创新

打造气象科普活动品牌。一是积极开展“世界气象日”“气象科技活动周”“全国防灾减灾日”等重大全国性科普活动。各级气象部门每年有2000多个气象台站、280余个气象科普场馆或专题展区向社会公众免费开放，年均参与专家1万余人次，接待参观者300余万人次。丰富多彩的科普活动得到世界气象组织的赞赏和肯定，形成了品牌效应。二是面向重点人群，举办有针对性的气象科普活动。面向青少年，举办全国青少年气象夏令营、宝贝报（画）天气、小小减灾官、校园气象科普嘉年华等活动，开发共享校园气象课程，援建校园气象站；面向农民，持续举办“气象科技下乡活动”和“流动气象科普万里行”活动，充分发挥气象助力精准脱贫、乡村振兴的作用；面向领导干部和公务员，通过多平台开办领导干部和公务员科学素质培训课程，制播中组部全国党员干部远程教育《气象万千》节目影片370余部，其中16部在全国党员教育电视片观摩交流活动中获奖。三是结合重大专项，举办专题气象科普活动。以庆祝中华人民共和国70华诞、澳门回归20周年、风云四号气象卫星发射、重大气象服务保障，以及北京世界园艺博览会等重大活动为契机，扩大气象科普影响力。

繁荣气象科普作品创作。《气象知识》杂志、《中国气象报》、中国天气频道以及气象图书出版等深度融入气象服务和气象科普业

务。科普图书、杂志、微视频、图解、漫画、H5、游戏、课件、虚拟现实（VR）、增强现实（AR）等传统媒体和新媒体科普产品融合发展。全国年均制作图文类宣传科普作品2100种、影视动漫类366种、游戏类55种、宣传品类718种，其中，内蒙古、广西、西藏、宁夏、青海、新疆等省（自治区）气象局开发了少数民族文字宣传科普产品。年均出版发行气象宣传科普图书140余万册，制作播出气象宣传科普影视作品1400多部（集）。2016年以来，原创气象科普作品获省部级及以上奖励逾25项。

1.2.3 公民气象科学素质提升工作中存在的问题

虽然气象科学素质提升工作取得了一定的成就，但纵观全局，我国公民的整体气象科学素质并不高，尤其是提升公众在应对气候变化的科学素质方面起步较晚。无论是政府、相关部门、媒体还是公民，大多数时候都是被动地接受气象科学知识和培训，不能很好地运用气象知识进行判断。近些年，也出现了微信朋友圈疯传“某地将连续下一个月暴雨”“灾害将超过1998年大洪水”等谣言的事件。面对北京“7·21”暴雨等灾害时，公民在防灾设施较好的大城市中尚缺乏逃生的基本技能。面对持续的雾、霾天气时，还有人恶意制造“锅炉爆炸”“氯气泄漏”等谣言。气象科学素质提升，不仅关乎人们的生产生活，也关乎社会的稳定。具体来说，我国气象科普工作面临以下问题：

气象科普顶层设计需要进一步加强。实现全面建成社会主义现代化强国的第二个百年奋斗目标的新时代新征程对公民气象科学素质提出更高要求，气象科学素质的内涵更加丰富，科普的技术路线也在不断演变，实现路径则更加需要各方力量共同参与。亟待构建社会广泛参与、部门充分联动、业务运行顺畅、开放合作高效、组织管理科学的气象科普格局。因此，需要进一步加强符合自身特点的规划和顶层设计。

组织体系需要进一步完善。气象科普工作从气象部门的组织体系上说，国家级层面的中国气象局办公室、科技与气候变化司、中国气象局气象宣传与科普中心各司其职；省级层面气象科普业务主管单位的设立就很不统一，科普业务部门设置也不完善；省辖市及以下则没有明确的业务主管部门，大多数也没有专门负责科普业务的人员岗位。从气象科普的社会组织体系上说，社会力量参与不足，志愿者队伍相对较少并有老龄化倾向；气象部门、科研院所等科普研发的主要力量尚未形成合力，不利于原创气象科普产品的研发和推广。随着党和国家对科普工作的进一步重视和推动，政府会出台越来越多有利于科普事业发展的规划和鼓励政策，各类科普机构也会逐步建立良好的运行机制，科技界也将自觉和主动承担更重要的科普责任，社会力量也会积极参与科普产品研发和科普作品创作，尤其是基层科普工作组织力和市场的驱动力会进一步被激发。

人才队伍需要进一步充实。我国气象科普队伍主要由气象科普讲解员、气象学会会员、气象业务人员、相关媒体人员构成，兼职人员远远多于专职人员。从气象科普人才培养教育上说，我国缺少体系清晰、层次不同的培养教育机构，没有专职的气象科普教师，也几乎没有科普专业的研究生。高层次专门人才和专职气象科普工作人员都极度缺乏。2019年印发的《中国气象局职称评审管理办法》在“气象服务与应用气象”方向增加了气象科普，这对于气象部门从事气象科普工作的相关人员是个重大利好消息，对近几年气象科普领域高级职称（包括正高和副高）评审都起到了非常大的推进作用。但高层次专门人才，尤其是在行业内有知名度和影响力的领军人才缺乏的情况没有得到有效改善。

资源保障需要进一步强化。气象科普的财政资金资源不足、社会化资源投入渠道不畅。以我国气象科普馆为例，其经费依赖各级政府财政拨款，而且主要是用于气象科普场馆的建设，后期的日常运维经费难以得到长期稳定的保障，普遍存在“重建设、轻运维”的现象。单一且有限的经费来源，使得气象科普场馆的发展受到严重制约。有限的财政资金无法支撑气象科普场馆不断改进以适应新时期发展的需求，与此同时，社会资金筹集渠道不畅，吸引社会投入的机制也不够完善。而在很多发达国家，政府经费、社会融资和对外募捐是科普场馆资金的主要来源，且政府科技计划中明确了科普方面的规定，确保“使用纳税人的税收资助科学研究，必须要给纳税人一个明确的交代”。我国气象科普资源保障与发达国家相比还有明显的差距和短板，这也是目前所有科普场馆（尤其是行业场馆）共同面临的一个亟须解决的问题。

1.2.4 气象科普工作的发展趋势

总体来看，未来的气象科普工作主要是在嵌入气象机构的社会化服务中实现的，同时也要紧跟国家科技发展步伐，在整个科普事业产业发展的大背景、大环境中谋划。

紧跟共建共享共治的社会治理格局，构建立体式气象科普工作体系。科普不是某个时期、某个群体、某一代人的任务，而是一个长久持续的任务。社会治理制度的建设和完善将会为气象科普的社会化、法治化、智能化、专业化提供环境基础，“政府推动、部门协作、社会参与”的立体式气象科普工作体系将会形成。在这种工作体系下，政府、科学家、媒体、企业能够形成合力，气象科普的技术效益、经济效益、社会效益明显提升，气象科普资源普惠共享，有助于提高公民的气象科学素质，明显提升公民运用气象信息趋利避害的能力。

紧跟人民美好生活需求，气象科普内涵不断丰富。随着气象服务改革的不断深入，气象部门要逐渐改变以往“气象+行业”嫁接式服务模式，把气象服务作为经济发展要素放到国家整体产业结构中去审视，构建更基础性的资源融合场景，让服务建基于不同资源之间更有创造性的关联之上。这就要求气象科普不再局限于自身资源的利用，而是在市场环境下，以资源融合为前提、以服务产业价值为目标，打造新的科普内涵。从范围上说，各行各业都需要与气象有关的科学知识。从内容上说，大众性的科普将随着公民科学素质的提升以及学校科学教育的完善而逐渐弱化，取而代之的是能够帮助人们改善生活、对社会问题解疑释惑、提高文化自信的科普产品。

紧跟国家科技发展步伐，科普传播形式不断创新。当前气象科普多以图、文、视频等形式进行传播，容易成为说教式、缺乏互动和启发的活动。宣传册、展板及讲座等传统科普活动曾让很多人受益，但传统传播方式难被收藏，人们浏览一遍画册、听一堂课往往记不住很多内容，同时，面向大众的宣传册、展板及讲座，在现有人力物力下，很难满足人们对气象科普的个性化需求。互联网改变了人们的生活形态，随着大数据、人工智能（AI）、虚拟现实（VR）/增强现实（AR）/混合现实（MR）、元宇宙等技术的不断发展，气象科普的传播手段必然需要不断创新。同时，科学普及与科技创新需要更加紧密地结合，以发挥其在科技成果转化中重要的桥梁纽带和催化剂作用。当前科普产业已经逐渐形成，一些科研机构通过企业孵化、众筹等多种商业模式，将新技术与科普活动相结合，打造了一系列知识产业的衍生品。气象科普也会在这种趋势下发展，根据不同的科普对象，打造出形式丰富、寓教于乐的精品科普服务。

1.3 公民气象科学素质提升的战略目标

1.3.1 指导思想

高举中国特色社会主义伟大旗帜，以马克思列宁主义、毛泽东思想、邓小平理论、“三个代表”重要思想、科学发展观、习近平新时代中国特色社会主义思想为指导，坚持党的全面领导，坚持以人民为中心，坚持政府推动，发挥部门优势，调动社会力量，以防灾减灾救灾和应对气候变化为重点，以科技创新为支撑，开展大众化的气象科普活动。加强气象科普基础能力建设，繁荣气象科普创作，打造气象科普品牌，推进气象科普社会化进程，促进气象科普更好地服务于广大人民群众，服务于经济社会发展，为全面建成社会主义现代化强国提供基础支撑。

1.3.2 基本原则

服务大局：围绕重点人群，落实重点任务，服务大局，为国家战略任务、计划提供支撑。

创新驱动：大力促进气象科技创新成果转化，依靠现代科技发展推进气象科普内容创新、形式创新和手段创新，丰富科普内容，拓展科普渠道，促进科普工作能力提升和公民气象科学素质提升协同推进。

开放合作：坚持政府推动、部门合作、社会参与，依靠政府领导和支持，构建多部门合作机制，广泛动员社会力量，充分利用社会资源，实现共享共用，开展大众化、社会化的气象科普。

统筹兼顾：坚持以人为本，实现气象科学技术教育、传播与普及等公共服务的公平普惠，同时根据不同地域和人群的特点与需求，提高科普服务的针对性，分阶段、分类型、分层次、滚动式推进公民气象科学素质提升。

1.3.3 战略目标

2020—2049年是我国公民科学素质提升的超越发展期。为实现至2049年“人人具备科学素质”的远景目标，作为公民科学素质的重要组成部分，未来我国公民气象科学素质提升战略主要分三步走：

第一步 到2025年，气象科技教育、传播与普及实现较充分发展，基本建成跻身创新型国家前列所需的公民气象科学素质建设的组织实施、基础设施、条件保障、监测评估等体系。气象科普基本实现现代化。公民气象科学素质在整体上有大幅度的提高，基本达到创新型国家前列的水平。

——形成较完善的气象科普体制机制。常态化的气象科普业务体系基本建立，公益性科普事业和经营性科普产业统筹协调发展。形成较健全的公民气象科学素质建设长效机制，社会各方面参与公民气象科学素质建设的积极性明显增强。

——气象科普投入显著提高。多元化的气象科普投入机制基本形成，企业、社会团体、个人等成为科普投入的重要组成。

——气象科普基础设施体系基本建成，公共服务能力大幅增强。建设一批布局合理、特色鲜明的气象科普场馆和气象科普示范基地，社区气象科普益民服务机制基本建立，公民提高自身气象科学素质的机会与途径明显增多。

——基于“智慧气象”的气象科普信息化建设长足发展，与现代信息科技发展成果相结合的科普资源开发与共享能力、大众传媒科技传播能力不断加强。

——气象科普作品的原创能力、气象科普展教品的研发能力基本达到创新型国家前列，打造一系列气象科普品牌。

——以重点人群气象科学素质行动带动全民气象科学素质的整体提高。青少年对气象科学的兴趣明显提高，创新意识和实践能力增强；农民的气象科学素质显著提高；产业工人应用气象科学技术的意识和能力明显提升；老年人具备基本的气象科学素质；领导干部和公务员的气象科学素质在各类人群中位居前列，具有一定的利用气象信息进行决策的能力。

——针对不同层次的气象科普教育与培训体系初步建立，教育培训资源不断丰富，气象科普人才的评价和激励机制逐步健全，气象科普人才队伍不断壮大。

第二步 到2035年，在2025年的基础上再奋斗十年，建成跻身创新型国家前列所需的公民气象科学素质建设的组织实施、基础设施、条件保障、监测评估等体系。气象科普现代化全面实现。公民气象科学素质进一步提高，达到创新型国家前列的水平。

——形成完善的气象科普体制机制。建成常态化的气象科普业务体系，公益性科普事业和经营性科普产业统筹协调发展。形成健全的公民气象科学素质建设长效机制，社会各方面积极参与公民气象科学素质建设。

——气象科普投入稳步提高。形成多元化的气象科普投入机制，企业、社会团体、个人等成为科普投入的重要组成。

——公民气象科学素质建设的气象科普基础设施体系建成，公共服务能力基本满足人民需求。在全国形成布局合理、特色鲜明的气象科普场馆和气象科普示范基地体系，社区气象科普益民服务机制建成，公民具有多种提高自身气象科学素质的机会与途径。

——基于“智慧气象”的气象科普信息化建设取得突破性进展，与现代信息科技发展成果相结合的科普资源开发与共享能力、大众传媒科技传播能力进一步加强。

——气象科普作品的原创能力、气象科普展教品的研发能力达到创新型国家前列，打造一系列气象科普精品品牌。

——继续以重点人群气象科学素质行动带动全民气象科学素质的

整体提高。青少年对气象科学的兴趣明显提高，创新意识和实践能力大幅增强；农民的气象科学素质进一步提高、应用气象信息合理开展农业生产的能力基本形成；产业工人应用气象科学技术的意识和能力显著提升；老年人的气象科学素质得到普遍提高；领导干部和公务员利用气象信息进行决策的能力明显提高。

——针对不同层次的气象科普教育与培训体系基本形成，教育培训资源进一步丰富，气象科普人才的评价和激励机制基本健全，气象科普人才队伍继续壮大。

第三步 到2049年，气象科技教育、传播与普及实现充分发展，建成完备的公民气象科学素质建设的组织实施、基础设施、条件保障、监测评估等体系，公民气象科学素质达到与世界科技强国相匹配的水平。气象科普体制机制充满活力，气象科普投入充足均衡，气象科普基础设施体系完备，气象科普资源的开发、共享、传播具有“智慧”特征，气象科普教育与培训体系健全，气象科普人才储备充足，公民可以从丰富的渠道获取和使用气象科技知识和服务。

1.4 公民气象科学素质提升的战略任务

1.4.1 推进气象科普业务化，融入气象现代化体系

依托集需求分析、业务会商、选题策划、产品制作和产品发布于一体的综合业务平台，建立气象科普业务流程、气象科普产品标准、岗位管理和考核机制，全面深入推进气象科普业务化工作，全方位带动气象科普工作转型升级。建立健全气象科普业务化的体制机制，消

除体制机制性障碍，激发气象科普事业发展活力。以优质气象科普内容建设汇聚分享、气象科普精准服务等为工作重点，以点带面、分类施策、深度创新、务求实效。加强部门之间、地方之间的统筹协调，切实提高整合气象科普资源、应急科普服务重大天气气候事件的能力。将气象科普业务化融入我国气象现代化体系，实现气象科普与气象观测、预报、科研、服务之间的良性互动，形成气象综合防灾减灾合力。

1.4.2 推进气象科普信息化，实施“智慧气象+科普”工程

（1）建设高度集约共享的气象科普信息化体系

精分用户和对象，构建能够全面、系统、实时满足气象观测、预报、服务等业务需求，以及公众多样性、个性化气象科普信息需求的现代化气象科普信息化体系。重点实现资源高效利用、信息充分共享、流程高度集约。对全国气象科普资源的开发进行整体规划、管理，建立气象科普资源共建共享、定期沟通协调机制，避免重复开发。扩展升级现有内外传播渠道和科普资源共享平台，加强气象科普的数字化建设，推进气象科普产品库、专家库和项目库建设，打造既能为公众提供气象科普教育服务，又能为全国气象科普机构和科普工作者提供气象科普全方位支持的气象科普信息服务平台。

（2）发展“智慧气象+科普”，推进气象科普服务智慧化

促进现代信息技术在气象科普领域的应用，实现紧跟科技创新、融入和展现科技成果的气象科普信息化。加强AI、VR/AR/ MR、移动智能终端、元宇宙等信息网络技术的运用能力，实现个性化、交互

式、智慧型、基于位置的智能气象科普服务。加快云计算、大数据等在气象科普中的深度应用，推动气象科普向智慧化、个性化、定制化的服务转变。

1.4.3 繁荣气象科普创作，打造高水平专业化的创作示范基地

实施气象科普创新创作项目，培育一批高水平专业化的气象科普创作示范空间、孵化平台，建设高质量气象科普创作示范基地。加强气象科普资源整体规划、信息沟通、高新科技应用。加强气象防灾减灾和气候变化科学知识的可视化，围绕服务国家重大战略、重大活动保障、气象防灾减灾、应对气候变化、生态文明、碳中和碳达峰等，创作研发技术创新、内容创新、形式创新的气象科普产品。研发高质量、互动性原创作品，使公众通过参与式模拟、体验式训练等方式提高气象科学素质。加强气象科普品牌建设，发展、铸造有竞争力的精品品牌，以品牌推动气象科普多领域、多地区发展，横纵结合，提高气象科普的综合竞争能力。

1.4.4 提升重点人群气象科学素质，推进科普服务精准化

聚焦重点，形成有针对性的气象科普内容体系，带动公民气象科学素质的全面提升。以青少年和农民为抓手，深入实施气象科技教育创新工程和气象科普惠民服务工程。

一是切实提供青少年防灾减灾意识和能力，实施气象科技教育创新工程。大力推进校园气象站建设，以增强青少年气象防灾减灾和应

对气候变化的学习及实践能力为主，充分发挥校园气象站在科技教育和科普活动中的积极作用。积极开展气象科普进校园、校园气象科技活动，在中小学校园气象站配备专门的科技老师、教材、教具，制定中小学生气象标准化教学内容及气象防灾减灾救灾演习程序，实现气象科技教育进教材、进课堂。打造示范校园气象站、中小学气象科技活动联盟等有影响力的全国性的中小学气象科技活动品牌。广泛开展“馆校合作”，引导中小学充分利用各地各级气象科普场所广泛开展各类学习实践活动。

二是多渠道提升农民气象科学素质，实施气象科普惠民服务工程。以服务“三农”、充分利用气象信息趋利避害为主，充分发挥全国乡镇气象信息服务站、气象信息员的积极作用，结合农时及时传播气象科学知识和灾害防御指南，帮助农民掌握和运用气象信息合理调整生产生活，推动先进实用技术在农村的普及推广。促进气象科普资源区域协调发展，提升气象科普服务均等化，加大力度支持边疆地区、贫困地区的气象科普设施建设及气象科普活动开展，提高老少边区气象防灾减灾救灾能力。制作针对性较强的农村气象科普宣传产品，开展农业气象科技培训、气象科技下乡、流动气象科普万里行等惠农气象科普活动，进一步发展基于“互联网+”的智慧农业气象服务，切实解决气象信息传输存在的盲区和滞后性。

三是实施产业工人气象科学素质提升行动，打造高素质产业工人队伍。将气象科学精神宣传教育有机融入理想信念和职业精神宣传教育中。推动气象防灾减灾、防雷安全生产等相关内容走进工厂工地、纳入职前教育和职业培训。发挥中国气象学会和中国气象服务协会作用，引导企业和社会组织提升企业家和产业工人的气象科学素质。

四是开展针对性的气象科普服务，提高老年人的气象科学素质。依托老年大学（学校、学习点）、老年科技大学、社区科普大学、养老服务机构、社区科普园地等，普及气象科学知识。积极通过健康大讲堂、老年健康宣传周等活动，利用电视、广播、报纸等老年受众较多的媒体，广泛普及气象相关健康知识、防灾避险知识。

五是加强领导干部和公务员的气象科学素质建设，为决策和管理提供支撑。加强面向各级党政领导干部和应急责任人的气象科普，提高其气象防灾减灾救灾和应对气候变化的科学决策能力。充分利用物联网、移动端等多种平台，并广泛开展气象科技讲座、科普报告等各类科普活动。将气象科技知识、气象前沿热点、气象防灾减灾、气象科学精神等作为重点培训内容，提升领导干部和公务员对天气气候事件的认知、预判等能力，为科学决策和管理提供支撑。

1.4.5 完善气象科普基础设施体系，加强基础设施建设

建设一批高水平的气象科普基础设施，打造创新示范工程。建设形成包括实体科技馆、流动科技馆、数字科技馆、校园气象站等多种形式的现代气象科普基础设施体系。结合不同地区的自身条件和气象资源优势，因地制宜，突出差异性发展，打造具有自身特色的气象科普创新示范基地。加强对气象科普基础设施的理论研究，建立健全建设标准及管理规范，建立评估考核机制。融合高新科学技术，创新展品展项设计思路，增强互动参与度，提升气象科普场馆的吸引力。促进气象科普展品展项走进综合类科技场馆，充分利用社会资源，走集约化建设道路。推动区域间气象科普基地、场馆之间的互联互通，构

建气象科普基础设施的创新网络。提高气象科普基地、场馆的综合服务能力。创新气象科普载体，依托国家气象公园建设，发挥气象景观作为科普资源的优势，打造具有生态保护、观赏游览、科学普及和文化研究等功能为一体的科普新阵地。

1.4.6 完善气象科普人才培养体系，建立高水平的气象科普人才队伍

一是健全人才评价和激励机制，营造气象科普人才发展的良好环境。加强气象科普人才科学评价和激励政策，有效解放人才活力。完善科普人才选拔与培养体制机制，设立气象科普首席、总工等关键岗位，建立健全科普专业人才的技术职务认定标准及相关实施办法。突出体现人才的实际贡献和实际解决问题的能力，提高气象科普方向职称评审公信力，畅通气象科普人才职业成长通道。加大气象科普工作的表彰和奖励力度。

二是加强科学教育和基础培训，培养多层次、高素质的气象科普人才队伍。加强对气象科普专职、兼职、志愿者队伍的科学教育和基础培训，推进优质气象科普教育培训资源向基层覆盖，提高培训的针对性和实用性。加强对气象科技教师、农村气象信息员、气象科普志愿者的培训，使之及时掌握气象相关知识和新的科学技术。组织编写符合不同对象的教育培训大纲和教材，打造VR/AR+气象知识、MR+气象培训等形式丰富的科普培训产品。建立气象科普教育培训师资库，切实提高培训的成效，保障教学质量。充分利用高校、科研院所、气象干部培训学院资源，动员组织气象科技专家参与对气象科

普人员的科学教育和基础培训。在高等院校设置培养气象科普人才的专业和课程，提升高层次专门人才和专职气象科普工作人员的数量。

1.4.7 推动气象科普标准化建设，提升气象科普规范化发展

将气象科普标准化纳入气象标准体系，科学合理地利用气象科普资源，高效推广气象科技发展成果，提升气象科普综合服务质量，满足气象科普管理的需要。鼓励业务部门、科研院所、社会团体开展和参与气象标准化工作。建立气象科普产品的制作、传播、科普成效评估的标准体系。严格把关气象科普资源的科学性、通用性，提升科普产品传播的规范性，保障科普工作评价的公平性，促进气象科普事业的健康发展。

1.4.8 强化科技成果转化应用，促进科技创新与科学普及相结合

推动气象科学研究与气象科学普及的有机结合，发挥科技人才的第一资源作用。营造有利于科技创新成果科普化的政策和制度环境，提升科技对公民气象科学素质提升的贡献度。建立激励引导机制，鼓励科技人员及时将最新科研成果和最新科技进展向公众传播普及。完善科技成果评价制度，将科普工作正式纳入科技成果评价体系，提升气象科研人员参与科普工作的积极性。建立健全气象科普机构与气象科研院所、高校之间的合作机制，建立高水平气象科普专家资源库，支持气象科技人员投入气象科普事业。

1.4.9 建立气象科普社会化机制，探索气象科普产业化道路

在发挥气象事业单位在公共气象科普服务中主体作用的同时，强化对全社会气象科普服务的支撑。建立适应需求、快速响应、集约高效的新型公共气象科普服务体系。探索和建立多元化的气象科普投入机制，使企业、社会团体、个人等成为科普投入的重要组成。激发气象行业协会、企业、社会组织以及公众个人参与气象科普服务的活力，发挥气象志愿者和气象信息员在公共气象科普服务中的重要作用。

将气象科普产业化纳入气象事业发展战略。由政府扶持和激励企业创新，制定气象科普产业化标准，并规范气象科普市场。鼓励和支持各种所有制气象科普服务企业和非营利性气象科普服务机构发展，保障其在设立条件、基本气象资料使用、政府购买服务等方面享受公平待遇。优化气象科普服务市场发展环境，制定气象科普资源开放共享政策，建设气象科普资源共享平台。

1.4.10 深化国际交流合作，构建气象科普开放合作新格局

开展全方位、宽领域、多层次的国际气象科普交流合作。参加气象科普相关国际活动和计划，开展形式多样、注重实效的国际交流活动。引进、吸收国外提升公民气象科学素质的经验，借鉴国外气象科普的工作理念、思路、方式和方法，引进国外优秀的气象科普资源，促进我国气象科普服务参与国际竞争。

推动气象科普机构间、气象科普机构与相关行业间的技术、平台、人才和项目的合作交流。以资源融合为前提，以服务产业价值为目标，营造良好的合作环境，创新合作模式，建立沟通交流和信息共享机制，打造新的科普内涵，构建气象科普开放合作新格局。

本章内容来源于2017年中国科协项目“公民气象科学素质提升战略研究”成果，并根据最新信息进行了补充完善。

第 2 章
发达国家科普事业现状

经过多年的不断摸索和尝试，我国的气象科普工作得到一定程度的发展并初具规模。但目前来说，由于发展时间相对较短，全民科学素质相对偏低，我国和发达国家在气象科普概念、形式、内容的理解以及运行机制上还存在较大差距，在社会各界的科普意识、科普产业化、科普融入青少年教育、科普人才队伍培养和选拔、科普多元化投入等方面的差距更明显。因此，综合调查分析发达国家气象科普事业现状，包括理念、政策、机制及场馆、活动、产品等各方面的优秀经验和做法，提炼国外科普事业的发展规律和特点，并研究如何借鉴与应用到我国气象科普工作中，对推动气象科普事业高质量发展具有重要的实际意义。

2.1 发达国家科普事业现状与特点分析

2.1.1 政府大力鼓励和支持，政策环境宽松

提高全民科学素质已成为很多国家的战略目标，科普工作越来越成为政府的事业和全社会的工程。在科普的过程中，政府是至关重要的参与者，政府对科学知识和信息传播的态度、对科学技术的评价决定了这个国家进行科普的“文化场景”。分析调研美国、英国、欧盟等近年来的政府科技政策可以发现，这些国家的科技政策中都加入或强化了有关科普的内容，科普已经成为各国政府科技工作的一项重要任务。

发达国家推出的一系列科普政策，对科普工作起到了极大的促进作用。美国联邦政府主动发挥引导和示范作用，带动全社会关注和投入科普。奥巴马政府曾在白宫举办了六届白宫科学界、两届白宫天文学之夜等科普活动。2018年，白宫科技政策办公室发布了新的STEM[①]教育五年战略规划，提出确保每个美国人都有机会掌握基本的STEM知识。美国国家科学基金会下属部门教育和人力资源司专门设立了“提升非正式STEM学习”项目，旨在提高所有年龄和背景的个人对STEM的兴趣、参与和理解，2018年该项目相关支出约6200万美元。

---

① 科学 Science、技术 Technology、工程 Engineering、数学 Mathematics 四门学科的缩写。

英国政府对科学传播采取政策上的支持、行为上的规范和战略上的协调。在1965年英国议会颁布的《科学技术法》、1993年英国政府发布的《实现我们的潜力》科技白皮书中均有科普相关要求。1985年，英国皇家学会发布《公众理解科学》报告，这促使政府成立了公众理解科学委员会，促进科学家和科研人员承担科普工作。2000年发表的《科学与社会》报告，提出《公众参与科学技术》的新战略。2004年，《英国10年（2004—2014）科学与创新投入框架》确立的6个目标中2项与科普相关。2008年，英国成立全国公众参与协调中心，接收政府、基金等的资助，组织协调全国科普活动开展和科普政策制定工作。2011年，英国研究理事会和众多科研团体共同签署了《公众参与科研的约定》，为研究机构、科研人员开展公众参与活动提供具体指导。

欧盟在2002—2006年的第六研发框架计划的构建欧洲研究区专项中设立“科学与社会”主题，预算8000万欧元，促进科学传播的发展。第七框架研究计划（2007—2013年）将“科学与社会”项目更名为“社会中的科学”，预算猛增至3.3亿欧元。自2014年起，在第八框架研究计划下，“社会中的科学”发展壮大为4.622亿欧元的科普专项，并更名为“与社会同行、矢志社会的科学”。

以博物馆为例，目前各发达国家大都制定有《博物馆法》，对包括科技馆在内的博物馆设施给予法律保护，确定其公益法人的地位。在这些法规中，对诸如建设规模、设施配套、管理机构、活动内容、日常运营、经费来源、社会赞助、人员构成和税收等方面都作出法律性的规定。这些法规一方面要求政府在建设资金、运营经费、税收等方面对包括科技馆在内的公益性设施给予支持，另一方面也对这些设施的活动内容、展出规模、开放天数、经营收费等提出要求和限制。

2.1.2 以青少年为重点对象，推动科普与科学教育的有效衔接

提高青少年的科学素质是开发科技人力资源、提高国家创新能力的重要途径。所调研的发达国家都把青少年作为科普工作的重点对象，注重推进跨学科的科普教育，强调科普教育和正规教育的融合，利用多媒体等先进技术改进科普教育，使所有的青少年，特别是未被充分代表的青少年群体（如女孩和少数民族青少年）接受科普教育。

以美国为例，美国政府推出了《国家科学教育标准》和《国家技术教育标准》，明确规定了不同阶段的学生都应该知道并能够去做的科学和技术内容，并提供了对学生学习达到的程度进行评估的指导方针。美国国家海洋和大气管理局（NOAA）官网、航空航天局（NASA）官网都按照国家教育标准将科普内容进行了细分，分成K—4、5—8、9—12三个学段（表2.1），不同的阶段推出不同的科普内容，形式也根据年龄段有所侧重。美国的大气科学高校联盟还专门建立了儿童气象网。

英国于1988年出台《英国教育改革法》，将科学列为核心课程，将技术列为基础课程中仅次于现代外语的位置。在此之后，让学生更多地掌握科学精神、科学思想和科学技术成为学校教学的一个主要目标。在英国，科学是所有5～16岁学生的主要课程之一。学校和学生均有较大的自主性：学校可自行选择专业科学知识，学生也可根据自

表2.1 美国国家科学教育标准（地球与空间科学）

K—4 阶段（幼儿园至四年级）	5—8 阶段（初中）	9—12 阶段（高中）
地球物质的性质（岩石和土壤、水分和大气中的气体）； 天空中的物体（太阳、月亮、星星等）； 地球和天空的变化（风化、山崩、天气变化等）； 培养学生的理解力	资源与环境； 自然灾害（地震、洪水、风暴、山崩、野火等）； 培养学生的理解力	地球系统中的能量（太阳能、对流、风、海流、气候等）； 地球化学循环（碳循环等）； 地球系统的起源和演变（大气成分变化等）； 宇宙的起源和演变（大爆炸理论、聚变等）； 培养学生的理解力

身情况决定是否继续深造。英国历史悠久的科普机构——皇家研究所有一项重要的活动，就是安排学校师生参观研究所，并与该所科研小组人员讨论科学方面的最新动态，每年还为六年级学生安排3期科学示范活动，为四年级学生及预科学生分别组织40多次讲座。英国气象局官网也开设校园气象教育资源频道，提供针对7～11岁和11～14岁青少年的气象课程资源。

加拿大的青少年科学教育相当成功，省、市政府除了与联邦政府配合，支持科普基础设施建设和开展重大科普活动外，更多的是支持从幼儿教育到小学、中学、大学的科普教育，以及支持学生参加科普活动。

荷兰政府颁布实施的《荷兰技术协议2020》明确提出，到2020年将科学教育纳入全部7000所小学的教育课程，特别是要注重数字技术的科普教育。

日、韩等国家也同样重视青少年的科普工作。以气象为例，韩国气象厅、日本气象厅均推出了针对不同年龄段青少年的气象科普资源，风格设计活泼生动，内容以趣味动漫、互动游戏和科学实验为主，具有较强的互动性、参与性，更容易激发受众主动索取知识的兴趣和热情，同时又寓教于乐，使儿童和青少年在轻松愉快的氛围中受到科学知识的熏陶。

2.1.3 科研人员积极参与科普，科技资源科普化程度高

在很多发达国家的科普事业中，科研人员扮演着极其重要的角色。他们是推出原创科普资源、开展科技传播活动的重要力量之一。许多脍炙人口、通俗易懂的科普经典，如《寂静的春天》《昆虫记》《宇宙波澜》《时间简史》等，都是出自科学家之手。德国的四大研究机构——马克斯·普朗克学会、弗朗霍夫学会、亥姆霍茨学会和莱布尼茨学会，均会定期出版面向公众的科普期刊，以通俗易懂、图文并茂的方式报道本机构最新的研究进展，并且这些期刊均为免费获取。

以气象科普为例，在调研的许多发达国家中可以看到很多高校、科研机构的专家、教授等参与创作的气象科普文章、气象科普讲座课件和生动有趣的气象科普产品。例如，美国威斯康星大学的气象卫星合作研究所利用科研数据，研发了一系列的交互性很强的Flash产品。以“降水类型”为例，该Flash产品界面可以通过滑动不同的按钮设置气温、湿度等条件，设置完成后，画面就会出现该条件下可能出现的降水，包括冰雹、雨、雪、霰等，直观生动且参与性强。同系列的还有雷电的形成，飓风、龙卷风的破坏力等，都是在科研数据支撑下研发的科普产品。美国NOAA下设的灾害天气实验室，其主要任务是研究恶劣天气成因、提高天气预报和预警的准确性，但该实验室也针对学生、教师、公众等不同对象推出了大量的气象科普资源，包

括通俗易懂的卡通画册、卡片、科普活动方案设计等。

发达国家的科研人员参与程度高，与相关制度有关。美国国家科学基金会支持的基金项目有相应的科学传播要求，为鼓励研究人员进行相关科普活动，还设立了“研究经费追加科普拨款”制度；美国的科技社团、科研机构也建立了培训机制，提高科学家的科普技能，如美国国家科学院举办的关于科学传播的研讨会等。欧盟的科研机构，特别是大学，早在20世纪70年代就首创了著名的“科学商店”，“科学商店”已列入欧盟第六研发框架计划。英国的七大研究理事会在其皇家宪章中就有“提升公众意识，鼓励公众参与和对话，传播知识”的条目。例如，英国医学研究理事会将公众参与作为其资助的研究任务的关键部分，设立专门资金支持其资助的科研人员开展科普活动，最高可达5000英镑；在2019年科学节上，所有受其资助的科研机构和科研人员举办科普活动均可申请1500英镑的费用支持。

2.1.4 网络科普资源丰富，社会共享程度高

所调研的发达国家在线教育和学习资源十分丰富，并且大都是免费向公众开放，为公众自主学习和了解科普知识提供了良好的平台和支撑。美国科学促进会（AAAS）开发了大量面向全体公众的网络资源，如“科学书籍与电影在线”“科学网络链接”和“科学动态”，还开发了一款名为“动力城市”的网络游戏。德国建立了国家科普网站（wissenschaftskommunikation.de），为公众、传播者、科学家、科学记者和其他感兴趣的人提供当前科学传播的趋势和主题等信息，还展示有全国举办各种科普活动的信息和相关报道。

在气象领域，比较有代表性的网络科普资源有美国的JetStream天气在线学校和MetEd气象教育网等。JetSream天气在线学校网站由美国国家气象局（National Weather Service）建设，旨在帮助教育者、应急管理者和天气爱好者了解天气及相关安全防护知识。课程按照不同主题设置，从大气、海洋的基本知识，到天气的监测预报，以及雷暴、闪电、冰雹、热带风暴、海啸等的原理和防御等内容，既有原理图和动画解析，又有安全防范提示，并且用户可以免费使用网站上的学习材料。MetEd气象培训网是在大气研究高校联盟社区项目资助下建设的，为预报员、大气科学专业的专家和学生、气象爱好者提供教育信息和培训资源。网站内容涵盖气象学、天气预报、地球科学等，网友注册后便可在线学习网站的各种课程（包含丰富的视频教程）。

大多数科普网站均有丰富的科普资源可供免费下载，并且网站之间链接便捷，共同向社会和公众推广，基本实现了科普资源的社会共享共用。美国国家海洋和大气管理局（NOAA）教育资源网提供宣传册、海报、印刷品等资源的下载，种类丰富、实用性强、分辨率高，直接用于支持科普活动的开展。另外，该网站不仅提供了各种形式的以英语为主语言的下载资源，还有西班牙语的同类产品供下载。英国气象局的网站里也设置有专门的海报和出版物下载版块。

2.1.5 主流媒体积极参与，注重打造科普精品

在大众传媒方面，美国等发达国家的政府和民间组织都非常重视制作娱乐性的科技影视节目，把公众的注意力吸引到科技上来，所以他们的科普影视题材非常广泛。

最为熟知的就是美国的Discovery（探索）频道的《流言终结者》栏目，该栏目曾获艾美奖提名，被誉为“最佳电视科普节目”，雄踞该频道收视率榜首，连美国前总统奥巴马都参与过节目录制。《流言终结者》在世界各地每周约有1000万名观众收看，在中国也有一批固定的收视群体。这档品牌节目的成功之道，是采用娱乐形式来传播科学精神。《流言终结者》节目的模式并不复杂，主要利用主持人和嘉宾的专业技巧，针对各种各样流传的谣言进行科学验证，实验结果或是证实，或是证伪。其中也涉及很多气象方面的有趣内容，如“在飓风时打开所有的窗户能减小对房屋的损害？”“在飓风或是龙卷风中，鸡的羽毛会被全部吹掉？”“在大雨中开敞篷跑车只需全速前进就能避免淋雨？”等。除了电视节目，美国也有很多以科学为主题的电影，其中不乏气象灾害类题材的影片，如电影《龙卷风》，影片将龙卷风的级别划分等科普知识巧妙地镶嵌在情节中并推动情节变化。

英国的国家或公共电视台也很注重制作、播放优秀科普节目，像英国广播公司（BBC）科普频道前后历时四年，倾力打造的科普巨作《BBC科普三部曲（地球、生命、海洋）》，其内容涉及大气、冰川等气象科普知识，投资数千万英镑，聘请六十多位知名科学家、探险者，行程遍布整个地球，终成自然纪录片品牌，并推出了同名图书，受到读者的喜爱。德国科普电视节目《Clever!》就是一档用幽默娱乐方式解释日常生活中科学现象的游戏类节目，节目中展现的都是日常生活中经常会碰到但无法解释的现象，比如“闪电为什么总是带有尖角？”场上两组明星嘉宾竞争答题。嘉宾的争论由“科学狂人”通过现场实验进行验证，并融合进魔术、全息投影、幽默情景小品等表演方式。明星加盟再佐以游戏实验的呈现，就将一档科普节目打造成了趣味性和科学性兼具的明星综艺秀和科普实验秀。

这些国家电视、电影科普片之所以深受观众欢迎，一方面得益于美国国家科学基金会等政府及民间组织的大力资助，另一方面也与制作单位严肃认真的创作态度密不可分。他们聘请各类专家作顾问，包括儿童教育专家、儿童发育专家、相关科技学科的专家以及作家等。在节目制作过程中及播出前，不断地对节目进行过程性评估研究。这些值得我们学习和借鉴。

除电视外，优秀科普图书、读物及期刊的影响也很大。在美、英等国家，科普图书也有良好的市场，畅销书中很多是科普图书。大凡销路好的科普图书多是由著名科学家撰写的，如英国著名的科学家迈克尔·阿拉贝编写的《危险的天气》丛书，美国发现避雷针的科学家本杰明·富兰克林撰写的《对电的实验和观察》等。我们在引进优秀科普读物的同时，也要鼓励我们一流的科学家开展科普创作。此外，报纸和新闻期刊中的科技新闻报道和科普文章也越来越占据重要的地位。在几十年的发展过程中，各国已经出现了一批国际著书刊物，如《科学美国人》《新科学家》《自然》《国家地理》《大众科学》《发现》《科学与儿童》等。另外，科学家不仅介绍已经有结果的科学成就，也报道仍然处于探索阶段的科学研究及进展状况，给青少年留下想象和幻想的空间，激励他们为解决科学难题而努力学习科学。

2.1.6 科普节日公众参与度高，更注重文化性

和我国的科技活动周一样，很多发达国家也有一年一度的“科学节”或“科技周”。如美国的“公众科学节”，自1989年在旧金山举

办第一届发展至今，已经从在某一个城市进行一天的活动，发展成每年在不同城市由学校和科学中心共同参与的一个学期的活动。其特点在于将注意力很大程度地放在参加活动的儿童身上，以“始终将学习者放在活动中心”为宗旨，鼓励官方科学教育机构的合作，为今后开展相关项目建立一定的基础。如今美国已形成大大小小的科学节几十个，近年来还兴起了与创客活动相结合的国家创客节、国家创客周等。从2009年开始，部分科学节组成了科学节联盟，以增强交流和共享。

英国从1994年起，每年3月在全国范围内举办为期10天的国家科学、工程和技术周活动，即“国家科技周”。活动形式主要有科学讲座、科技演示、智力竞赛、展览、开放日、参观、研讨会、文艺演出、动手实验等。每年9月有由英国科学促进会举办的“英国科学节”，为期4~5天，近几十年来其重点由科学家相互交流转向了介绍科技成果和普及科技知识，并以集中举办科技活动的方式吸引公众参与。每年4月有一个科学与娱乐相结合的节日——爱丁堡国际科技节，这是由爱丁堡市政府、爱丁堡科技节有限公司联合举办的半官方、半民间的科普活动。

法国“科学周”是由法国教研部主办、国内众多科研机构和企业参与的大型科普活动，其全称是“科学周活动节”，人们对这类活动的普遍理解也与节日有关。法国教研部认为这是真正的节日，举办宗旨就是要让科学与民众、社会更加贴近。法国科学周期间，近千处科研场馆、研究机构和大学等单位均向公众开放，人们有机会参观这些平日看起来很神秘的科学殿堂，人们与科学的距离因此被拉近了。同时还有开放、大型、互动式科普巡回展览，各式各样专题辩论会和讲座，青年研究人员地区交流等，几乎让整个法国都动了起来。此外，大型高技术工厂、各种博物馆也均向游人免费开放，使人们获得了接触各类知识的好机会。广大民众听门道、看热闹，参与其间，仿佛过节，而科学知识在不知不觉中深入人心。

德国、澳大利亚、日本、韩国也有类似的“科学周”“科技日”“科技月”活动。与国外不同的是，我国的“科技活动周”更注重科技服务生产生活，如科技下乡、科普“四进”（进学校、进农村、进社区、进企事业单位）等活动，实用性较强。发达国家的“科学节”等活动让人们觉得更像是一个节日，更注重大众的参与，更像是科学的娱乐日或狂欢节，具有较强的文化性。

2.1.7 科普投入体系多元化，社会融资渠道通畅

发达国家的政府对科普项目普遍采取“费用分担”的资助方式，建立了政府、科普组织、科技团体等积极参与，企业、基金出资赞助的科普实施运行框架。目的是希望以政府的支持作为种子经费或催化剂，吸引更多的社会力量共同支持科普事业。例如，英国、法国的政府科普拨款计划明确规定，政府对科普项目的资助不超过项目总费用的50%；美国科学基金会仅为科普项目提供部分经费，支持强度视项目的范围和性质而定，其余经费由项目机构从其他渠道获取；加拿大对科普的投入主要由政府、大学、研究机构、社区、非政府机构、企业与个人捐赠7部分组成。

发达国家之所以能够实行科普项目费用分担的模式，在于他们拥

有广泛的社会融资渠道和支持科普的社会氛围。以科技馆或博物馆为例，有的博物馆由个人出资兴建，有的展品由科研单位、企业赞助，还有的基金会出资在博物馆设立免费开放日。企业将科普宣传作为一项社会责任，也作为展示企业形象的窗口，大专院校、科研单位也通过科普宣传加强与社会的交流沟通。

2.2 发达国家科普事业发展趋势分析

2.2.1 贯彻“公众理解科学”科普理念并向“公众参与”转变

所谓“公众理解科学”，不仅包括对科学实事的了解，还包括对科学方法和科学之局限性的领会，以及对科学之实用价值和社会影响的正确评价。科技的发展离不开公众的支持，而科学技术在为人们带来巨大利益的同时，也在健康、环境和伦理道德等方面带来了许多问题，致使部分公众对科学产生怀疑和恐惧心理。例如在英国，一些人甚至采取极端手段摧毁动物实验室和转基因作物试验田。针对这种状况，英国前首相布莱尔曾在皇家学会的讲话中强调了当前英国存在的反科学倾向，要求增进科学界与公众之间的相互沟通与了解，为科学的发展创造良好的外部环境。根据这一要求，英国政府与科技界已经达成共识，实现这一点的关键就在于让公众理解科学。进入21世纪后，英国的科普更加强调公众参与，即科学家和公众进行双向交流，互相汲取、互相启发，而使双方受益。公众参与到科研讨论，影响科研的方向，强化科研向善的本质。

2.2.2 非正规科学教育与科学教育趋向融合

终身教育理念的出现，使得非正规教育与科学教育的结合更加紧密。20世纪90年代，联合国教科文组织提出了可持续发展教育的概念，它包括终身学习、正规教育与非正规教育，从早期教育到成人教育、职业教育、教师培训、高等教育等，都可以进行可持续发展教育。正是秉承这一理念，国外青少年科普非常注重非正规科学教育与科学教育的融合。

美国科学基金会的非正式科学教育计划就非常强调非正规教育与科学教育的联系，力求创造必要的校外环境，对青少年产生影响。教师在这个过程中发挥着十分重要的作用，所调研的国外气象科普网站都很重视为教师提供教学资源，大都开设有教师频道或栏目，这一点很具有普遍性。教师栏目的内容可以作为教师的教材或相关教学材料，包括内容生动、设计巧妙的课程设计、课件、气象实验教程等。此外，还有专门为教师设计的短期培训，如美国海洋与大气管理局设计的海上教师计划，接受教师免费随船参加气象科学调查。

美国、日本、英国、法国等国家的科技博物馆也安排了很多旨在帮助和培训中小学科学教师的项目。研究机构和大学实验室也为教师提供研究实验培训，甚至让教师参加见习研究。通过这种培训及活动，教师们会把学到的科学探究活动带到课堂，了解基础科学概念与科学研究之间的联系，并把这种联系的认识传递给学生，从而促进非正规科学教育和科学教育的互动与融合。

2.2.3 科普更注重结合社会热点

调研发现，发达国家的科普工作在内容选择上很注重就公众关注的热点问题、当前科技发展最新趋势来开展，这很容易引起公众的共鸣，科普效果更好。如欧盟通过定期开展公众观点调查，即所谓的“欧洲晴雨表”，及时了解公众科学认知情况。气候变化、转基因作物、克隆技术、食品安全、核能利用、纳米技术应用等议题是欧洲民众关注的焦点。日本农林水产省为了消解人们对转基因技术的担心，还实施了“绿色教室事业”，面向消费者、中小学生、生产者举办各种亲身体验的活动，增进人们对转基因农作物的理解。英国的科学节活动为响应英国政府《产业战略》提出的“人工智能和大数据、清洁增长、移动未来、老龄化”四大挑战，非常关注机器人、太空、低碳、智慧城市、5G和物联网等主题。

2.2.4 科普市场化和产业化得到充分发展

众所周知，公益性是科普最重要的属性。但是，科普也可以在接受政府和社会捐助的同时，进行某种适当的营利性经营，把经营所得的利润用于其事业的维持和发展。

在这方面，市场经济发达的国家已经走在前列。从20世纪60年代开始，发达国家的科普市场化经历了科普投入主体多元化和科普运作主体多样化的过程。其特点是：科普投入主体在培育和扶持了运作主体后，并没有无条件的、长期的资金流入，而是执行选择性的机制，形成了对运作主体的利益约束。这种利益约束机制的具体化便是一系列的科普运作绩效评估、审核标准，运作主体达标才能获得资助。也正是这种利益约束机制促进了不同运作主体之间的竞争，使运作主体采用市场化的手段开拓科普消费市场，提高资金和资源的利用效率。欧美发达国家政府在科普市场化运作过程中所起的作用并不仅仅是重要的投入主体的角色，更重要的是构筑了一个广泛吸引社会力量投入和参与科普事业的机制和氛围。

2.3 对我国气象科普工作的启示

2.3.1 强化政府主导作用，进一步建立健全气象科普政策法规

气象科普政策法规涉及的领域众多，政策工具复杂多样，牵涉的利益主体也比较多。政策体系的科学化程度有待进一步提升，必须加强顶层设计，提高政策法规体系的系统性。其中，不同领域的政策衔接尤为重要。未来，要在科普资源、培养科普人才、规范科普活动和科普研究、促进科普研究成果的应用等政策中确立导向，形成目标一致、搭配合理的政策合力。通过开展发展战略调研，明确各阶段气象科普发展目标、重点任务。要以形成一个以《中华人民共和国科学技术普及法》为基础，以气象科普长远规划为战略目标，以行业和地方气象科普发展政策为重要内容，以气象科普投入、设施、人才等各项配套政策为保障的、完整的气象科普政策法规体系，保证我国气象科普事业的持续、健康发展。

2.3.2 加强气象科研机构科普能力考核评估，推动气象科技资源科普化

科技资源是提升科普能力、保证科普事业发展的重要基础资源之一。推动气象科技资源科普化，一方面要提升气象高校、科研院所科学实验室、气象台站对公众开放的科普能力，及时将最新科技研究成果转化为科学教育资源，增进公众对气象科学技术的兴趣和理解；另一方面，气象科研人员和科普工作者的科技传播能力是深化科技资源科普化的重要因素，所以需要提升这些人员的科学素质及科技传播技能，培养一批既懂气象科研创新，也懂科技传播的复合型人才，面向气象科研人员和科普工作者进行培训，加强气象科普志愿者队伍建设。

2.3.3 以青少年为重点对象，推动气象科普与科技教育相结合

开展面向青少年的气象科普需求调查摸底与分析研究工作，了解他们对气象科普活动、作品的实际需求和变化情况，有针对性地开发气象科普资源和科普活动。积极推进中小学阶段的校园气象科普工作，鼓励学校开设气象科学教育课程，拓宽学生的知识面；鼓励和支持开展气象科学探究性项目、社区服务和社区实践活动，提高学生的探究能力；丰富校外和课外科研教育活动，动员科技和教育工作者开展与青少年面对面的交流活动；发挥气象科技场馆、校园气象站等科普教育基地的作用，鼓励学生进气象站、实验室，动手做科研，参加气象科学调查体验；积极鼓励地方和民间公益组织开展普及型气象科

技活动，扩大参与面和影响力。同时要注意政策引导，减少以获奖为目的的功利性气象科技活动，营造崇尚科学、广泛参与科学探索的社会氛围。

2.3.4 鼓励气象科普的原创与创新，加强气象科普作品的版权保护

创新是气象科普工作向前发展的灵魂，原创作品是气象科普不断发展的动力之一。鼓励创新主要从制度和机制方面考虑：如建立和完善以业务能力、科研成果等为导向的气象科普人才评价标准体系；鼓励和支持气象科技工作者参与科普工作，对成绩突出者给予表彰奖励；在专业技术职务评定条件中增加气象科普原创作品、科普奖项与相应气象科技论文、科技奖项所占比例，科普论著和其他优秀科普成果可作为评聘专业技术职称职务的依据；设立优秀气象科普资源奖项，通过评比活动鼓励科学家、科技工作者、文艺工作者和大众传媒参与气象科普创作，吸引各方共同投入到气象科普资源创作和创新中。

2.3.5 加强气象科普信息化建设，实现科普资源和传播渠道的整合

当前，科普信息化正在逐步代替传统的科普模式，成为科普工作发展的新方向，具有突出科普工作特色、增强科普示范效应的作用。借鉴国外的经验，我们主要应该在以下方面加强气象科普信息化建设：一是加强组织领导，制定气象科普信息化工作规划和具体措施，

将气象科普信息化工作纳入年度工作计划；二是实施气象科普产品及科普设施资源整合，开展气象科普业务应用系统的集约建设，构建统筹集约的气象科普信息业务体系；三是把新型气象科普基础设施资源的创新开发与已有气象科普基础设施改造利用结合起来，科学合理有效地开发利用资源，促进气象科普基础设施建设的信息化发展；四是更有效地利用信息化公共基础设施，做好气象数字化科普资源的集成和推送，引领科普理念和模式的创新实践；五是充分运用现代化通信技术、网络技术和多媒体技术，坚持以应用促发展，使气象科普工作更加形象生动，努力在气象科普信息化上更贴近时代、贴近公众、贴近生活、贴近实际。

2.3.6 推动气象科普资源向全社会共享，发挥最大效益

一方面，要加强气象科普工作部门之间的资源共享，在气象科普资源的拥有主体（重点包括各级气象科普部门）之间，建立各种合作、交流、共建等关系，利用各种技术、方法和途径，开展包括共同展示、共同建设在内的资源共同利用形式，最大限度满足气象科普工作者对气象科普资源的需求。这需要建立气象科普资源共同建设和相互提供利用的一种机制，同时要建设气象科普资源共享平台，即能够提高气象科普资源生产能力、实现气象科普资源的分级管理，使资源能在各个单位之间有效融通的系统平台。另一方面，要加强气象科普资源向社会公众的共享，使公众在需要的时候，能够通过PC端、移动端、电视、广播、报纸等各种渠道很方便地获取相关的气象科普资源。

2.3.7 动员全社会力量参与，拓展经费来源渠道

当前，气象科普经费的投入仍然受到国家经济发展水平及社会融资环境和支持科普的社会氛围等因素的限制。对此，我们可以借鉴英、美等发达国家的经验，逐步取消科普活动经费的计划拨款制度，改由国家财政每年拨出专款建立科普基金，实行面向全社会的科普项目资助制度，建立科普基金制度。同时，建立和完善多元化、多层次、多渠道的气象科普投入体系，积极实现科普投入从政府配置资源为主向建立多元化的创新投入体系转变。充分发挥政府投入的引导作用，建立健全财政性科普投入稳定增长机制，完善财政资助、贴息、信用担保等方式，促进政策性融资。鼓励企事业单位及社会组织带资参与科普事业，发挥社会力量兴办科普事业的作用。

本章内容来源于2015年中国气象局软科学研究面上项目“发达国家科普事业现状研究及对我国气象科普工作的启示”（自主2015[35]）研究成果，并根据最新信息进行了补充完善。

第3章
新时代气象科普信息化发展

源于当代信息化革命，云计算、物联网、移动互联、大数据、人工智能等高新技术的快速发展，信息化给社会的各个领域都带来了诸多机遇和挑战。在“互联网+”背景下，信息传播形式和传播载体更加多元化，科普工作面临的环境、任务、内容和对象愈加复杂，这要求气象科普工作要适应信息化发展的要求，立足目前气象科普工作发展阶段，不仅在技术手段和传播渠道上跟随时代的脚步，更要在科普理念和运营模式上展开一场洗礼。

3.1 气象科普信息化发展的内外环境分析

3.1.1 气象科普信息化所经历的发展阶段

按照我国科普实践历程的特点，科普信息化可划分为数字化、网络化和智能化3个时期（表3.1）。值得注意的是，每个时期都有标志性的起始点，但没有终结点，因为每个阶段都是不断持续向前发展的动态过程。所以，科普信息化是一个相对的、动态发展的概念，不会存在一蹴而就的科普信息化完成时。

表3.1　我国科普信息化发展阶段

阶段名称	阶段特点	代表实例
科普数字化	借助信息技术对传统的科普资源进行加工转换，使其能在计算机上存储、传输和利用。数字化的科普资源比纸质资源更容易实现保真度高的存储、无损耗的多次调用及高速无地点局限性的传输	我国博物馆、科技馆在20世纪90年代兴起的数字资源建设
科普网络化	通过局域网或广域网进行传输共享，突破本地服务的瓶颈，科普传播渠道得到拓展、传播速度更快、更新频次更高，提高了科普资源的利用效力	中国科普博览、中国数字科技馆等专业科普网站陆续开通
科普智能化	借助人工智能技术，新式科普载体将具备模仿人类感知、思维、推理等思维活动，使科普的理念和模式发生更深远的变革	目前增强现实/虚拟现实技术作为单一展品展项应用，平台级的科普智能化产品还不成系统

基于对我国科普发展各阶段的分析，气象科普工作也是延续着以上路径在前行。我们创建了中国气象网（中国气象局官方网站）科普园地、中国气象科普网（中国气象局气象科普官方网站）、中国天气网（中国气象局公共气象服务官方网站），以及相应的微博、微信和客户端资源，让气象科普内容的传播跨越时间和地域的限制，覆盖到广泛的人群，也让公众获取相关科普信息和知识的途径更为便捷，使得气象科普内容的传播力更强、更有效。

3.1.2 新时期国家科普发展规划要求和气象信息化发展目标

随着信息技术的不断提高和快速发展，信息化工作已经成为全球热点，并在多个领域推动社会前进。而科普信息化就是在这样的大背景下应运而生的。尤其是在2016年习近平总书记发表“科技创新、科学普及是实现创新发展的两翼，要把科学普及放在与科技创新同等重要的位置”重要讲话之后，多位党和国家领导人都发表了如何进一步加强科普信息化工作的重要观点。如时任中央中央政治局常委、中央书记处书记刘云山在中国科协第九次全国代表大会上指出，要创新科普理念和服务模式，大力推进科普信息化，注重运用互联网技术开展科普教育，增强科普教育的知识性趣味性，提高科普工作的吸引力感染力，推动形成讲科学、爱科学、学科学、用科学的良好氛围。时任中共中央政治局委员、国务院副总理刘延东在2016年全民科学素质行动实施工作电视电话会议上强调，大力实施“互联网+科普”行动，以信息化推动科普工作理念和服务模式的现代化。要以互联网思维改造科普工作体制机制。要强化科普信息落地应用，依托大数据、云计算等信息技术手段，实现科普精准化服务。时任中共中央政治局委员、国家副主席李源潮在中国科协第九次全国代表大会闭幕式上的讲话中明确，要大力发展科普信息化，实施“互联网+科普”工程，创新科普理念、科普技术和科普手段，更好地满足人民群众日益增长的科学文化需求，推动全社会讲科学、爱科学、学科学、用科学。

此外，《中华人民共和国国民经济和社会发展第十三个五年规划纲要》的信息化重大工程专栏关于“互联网+”行动的部分指出，要推动“互联网+”创业创新、协同制造……科普、地理信息、信用、文化旅游等行动，不断拓展融合领域。科普是该文件中指定的“互联网+”发展方向之一。《中国科协科普发展规划（2016—2020年）》中明确实施“‘互联网+科普’建设工程”等六大重点工程，带动科普和公民科学素质建设整体水平的显著提升。《中国科协科普发展规划（2021—2025年）》中继续提出实施“科普信息化提升工程”重点工程，进一步提高优质科普内容供给和智慧化传播水平。

2015年，中国气象局明确提出“智慧气象”的发展思路，其中推进气象服务智能化，即快速捕捉和敏捷响应社会需求，建立社会广泛参与的“互联网+气象”服务新模式，与国家“十三五”规划纲要提出的以“互联网+科普”为标志的科普信息化不谋而合。2018年，中国气象局印发《气象科普发展规划（2019—2025年》，提出要“大力推动‘互联网+’气象科普”“以气象科普信息化建设为核心，带动气象科普理念、内容创作、表达方式、传播方式、运行机制、服务模式、业务平台的全面创新”。

3.2 气象科普信息化的科学内涵与发展现状

3.2.1 气象科普信息化的科学内涵

分析气象科普信息化的科学内涵，应当以信息化的通用基本范畴为基础，结合融入气象与科普领域的特性。信息化是充分利用信息技术，开发利用信息资源，促进信息交流和知识共享，提高经济增长质量，推动经济社会发展转型的历史进程。现阶段，气象信息化是运用云计算、大数据、移动互联、物联网等现代信息技术，强化标准规范体系建设，整合各类气象资料和产品，以及计算、存储、网络等基础信息资源，积极使用社会资源，推动气象信息资源互联互通、广泛共享，形成业务和服务“云端部署、终端应用”新模式，推进业务信息化和集约化、标准化相互衔接、良性互动，逐步构建资源高效利用、数据充分共享、流程高度集约、标准系统完备的气象现代化新格局。

要想说清楚气象科普信息化的内涵，首先要搞清楚什么是气象信息化、什么是科普信息化。气象信息化不仅是气象部门内部的一场信息技术革命，更是全面服务于以“业务现代化、服务社会化、工作法治化”为特征的气象现代化，以“互联网+”理念推进气象与国家发展战略、社会经济发展、百姓衣食住行深度融合，赋予现代化气象“智慧”的新特征。科普信息化是推动科普创新发展的深刻变革，主要是通过信息化的手段普及科学知识、倡导科学方法、传播科学思想、弘扬科学精神，提高全民科学素质，引导广大公众理解科学，或者是通过网络科普的形式传播科学知识。

现代化气象科普信息化除了拥有科普信息化相关的特征和优点外，还应该是与气象监测、预报、服务一体的信息化。气象科普信息化应该是作为整个气象信息化重要一环的信息化，是有自己气象特色的信息化，这才是气象科普信息化建设的核心环节，也体现了“智慧气象+科普”的本质特征。

胡俊平等认为，在国家信息化的大环境下，科普信息化的重点在于更有效地利用现有的信息化公共基础设施，做好数字化科普资源的集成和推送，引领科普理念和模式的创新实践。他们提出从“理念与技术”“生产与传播”“利用与效应”3个维度上界定科普信息化的内涵。结合他们对科普信息化内涵的阐释，同样可以在上述3个维度上界定气象科普信息化（图3.1）。

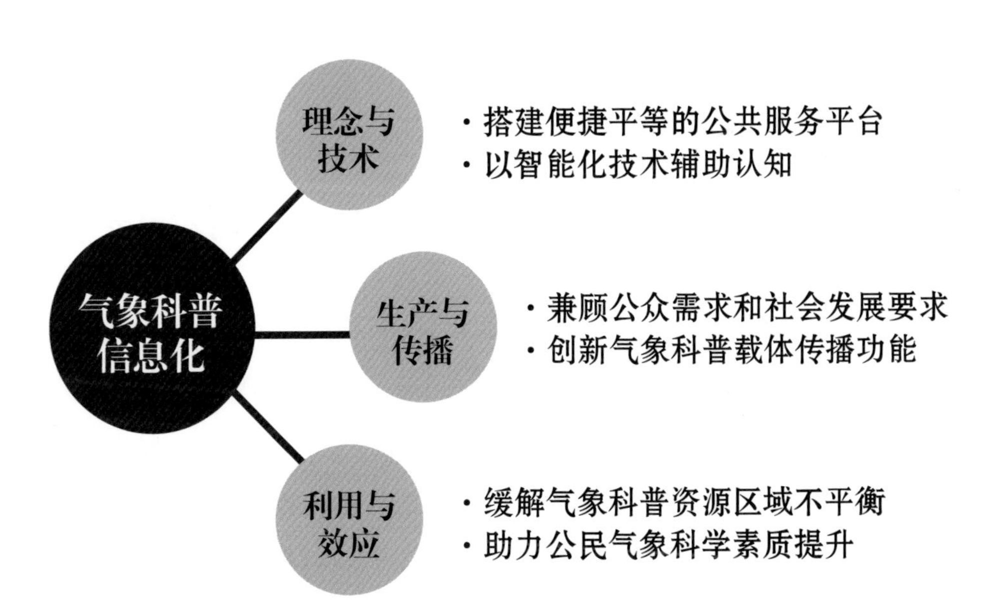

图3.1　气象科普信息化的内涵（制图：王晓凡）

第一，在理念与技术的维度上，气象科普信息化为人们获取气象科普资源搭建便捷、平等的社会公共服务平台，并致力于提升人们辨识、认识、应用海量气象信息的能力。依托移动互联、物联网、云计算、大数据等现代信息技术，气象科普的内容表达和传播方式将深度融合创新，满足人们泛在化、个性化获取气象科普内容的行为习惯，智能化技术辅助人们更好地掌握学习气象知识与技能。第二，在生产与传播的维度上，气象科普信息化兼顾公众需求和社会发展的要求，依照新标准开发、汇集和共享气象科普信息和知识资源，建立社会力量共同参与气象科普的运营机制。拓展公信力和知晓度高的气象科普传播渠道，不断创新气象科普载体的传播功能。第三，在利用与效应的维度上，气象科普信息化缓解气象科普资源区域不平衡的突出问题，缩小地区和人群之间的气象科普信息鸿沟。助力公民提高防灾减灾救灾和应对气候变化的能力，践行智慧、文明、健康的科学生活方式，服务于公众气象科学素质的跨越提升。

3.2.2 气象科普信息化和“智慧气象”之间的内在联系

“智慧气象”是指基于云计算、大数据、移动互联、物联网等新的信息技术广泛和深入应用，使气象系统具备自我感知、判断、分析、行动、自适应、创新能力，能够敏锐捕捉到气象业务、服务、管理的各种需求，同时对这些需求做出智能快速的响应，为经济社会发展、国家安全和可持续发展提供一流的气象保障服务。从“智慧气象”的定义中我们不难看出，首先，“智慧气象”是个信息化问题，“智慧气象”中用到的云计算、大数据、移动互联和物联网等都是最前沿、最尖端的信息化技术，信息化是全面推进气象现代化的内在要求，是实现“智慧气象”的重要支撑。其次，“智慧气象”又绝不仅仅是个信息化问题，信息化只是“智慧气象”的重要支撑之一，其核心内容包括智能的信息获取、精准的气象预报、开放的气象服务、精细的科学管理、深度的产业融合、持续的科技创新。最后，气象科普信息化的建设离不开“智慧气象”理念的指导，以“智慧气象”为目标的气象现代化建设能够为气象科普信息化的发展提供更多的机遇和保障，而气象科普信息化的发展能够进一步促进“智慧气象”早日实现。

3.2.3 气象科普信息化的发展现状

近几年，中国气象局完成了全国气象科普资源共享与传播平台、全国气象科普教育基地管理平台、全国中小学气象科技教育交流平台的建设，并正在建设全国气象宣传科普业务支撑平台，大力提高中国气象网、中国气象科普网、中国天气网及其微博、微信和客户端中气象科普内容的建设。全国气象部门通过开通微博、微信等官方新媒体，组建了以国家级和省级为核心的气象科普新媒体矩阵。相关单位与新华网、人民网等主流新媒体及新浪网、凤凰网、今日头条等社会新媒体平台进行深入合作，在重大气象事件中实现传播联动，扩大了气象科普的覆盖面和影响力。气象科普产品的制作、传播、体验手段不断发展，广泛运用数据可视化技术、VR/AR技术、移动直播技术等手段和渠道，提高气象科普的有效性与公众参与度，气象科普信息化程度不断提升，初见成效。

虽然我国的气象科普信息化取得了一定的成绩，但整体还处在发展的初级阶段。当前，在中国气象局积极开展气象信息化建设以及大力推进以“智慧气象”为目标的气象现代化建设的历史机遇期，气象科普信息化亟须抓住机遇，取得跨越式发展。

3.3 气象科普信息化发展模式

气象科普工作在取得巨大成绩的同时，还存在着很多亟须解决的问题和克服的困难。发展气象科普信息化对于在未来更好地推动气象科普工作具有重大的战略意义。信息化能否成功推进，取决于是否建立起了有竞争力并可持续发展的信息产业链生态系统，其中起关键作用的是找到切实可行的信息化推进模式。无论是国家信息化还是一个行业的信息化，大都采用一定的信息化发展模式。美国是世界上信息化水平最高的国家，早在1993年就推出“信息高速公路”计划，1995年实行“全球信息基础设施”计划，同时增加信息化经费投资和人力资本投资，实现全球信息资源共享；日本采取的是发展信息产业、知识生产力，构建信息网络系统的模式；韩国、新加坡等国家则是采取建立信息产品基地的模式。我国辽宁省农业信息化的发展一直位列全国前列，其采用的就是信息化战略、信息化服务、信息化技术相结合的发展模式。

通过研究学习发达国家和相关行业信息化发展模式，结合气象科普信息化的内涵和发展现状，本研究初步探讨了气象科普信息化发展模式。我们要实现的是具有“智慧气象”特征的现代化气象科普信息化体系，以目前的全国气象宣传科普资源共享和传播业务平台为统领，突出气象科普内容建设，以中国气象局气象宣传与科普中心（中国气象报社）为业务牵头单位，依托中国气象局直属业务单位和各省（自治区、直辖市）气象局，借助现有内外传播渠道和信息服务平台，统筹协调各方力量（包括社会力量和市场力量），整合集约融合各方资源，精分用户和对象，构建能够全面、系统、实时满足气象观测、预报和服务等业务需求和公众多样性、个性化气象科普信息需求的现代化气象科普信息化业务体系。

3.3.1 实现资源共享传播的信息化基础平台

依托全国性的科普业务化平台，为基层气象科普部门提供丰富的科普资源支持，实现气象部门科普资源的互通有无，避免重复开发和浪费。利用信息化手段提升气象科普工作效率，良性互动，协同发展。以系统为纽带，带动全国气象科普信息资源的共建共享，推动各环节有机融合，支持信息化新产品开发与应用，实现气象科普业务信息化管理与服务。

3.3.2 运用信息化技术的气象科普产品开发与传播

搭乘“智慧气象”发展的技术快车，广泛收集气象科普的基础元素，基于物联网模式构建气象科普的传播平台，融入气象业务发展流程，建立响应策略，从供给侧敏捷感知社会需求，如采用增强现实和虚拟现实技术的实景科普内容演练，实现以人为本、无微不至、无所不在的智慧科普传播效果。信息化发展背景下的气象科普意味着从传播流程、内容和布局上要有全新的认识和改造，做到精准、智能、敏捷。从业态布局的角度将气象科普传播融入信息化催生的各类经济新形态中，如连接农口各部门的科普资源，利用各类传播渠道做好内容的广泛分享，如建立跨行业的“科普云”，通过公众即用即取的方式来计算内容利用率。

3.4 具有“智慧气象”特征的现代化气象科普信息化建设思考

首先，气象科普信息化不能离开气象“主业”，是为现代化气象业务（包括监测、预报预警、公共服务等）服务的气象科普信息化。其次，气象科普信息化又不局限于气象“主业”，是与其他部门（如农业、地震、生态环境、林业、水文、应急等）科普工作相互融合、协同发展的气象科普信息化。第三，气象科普信息化是要紧跟科技创新，并逐步融入和展现科技创新成果的气象科普信息化。要想实现具有“智慧气象”特征的现代化气象科普信息化建设任务和目标，必须做到以下几点：

3.4.1 加强气象科普信息化建设内涵及其与“智慧气象”深层关系的理论研究

理论研究是一些实践工作的基石，只有进一步搞清楚气象科普信息化建设的内涵，气象科普信息化与科普信息化的相同点和不同点，尤其是如何利用“智慧气象”的理论指导气象科普信息化建设，以及气象科普信息化如何在“智慧气象”体系中展现自己等关键问题，才能更好地建设具有“智慧气象”特征的现代化气象科普信息化体系。

3.4.2 制定气象科普信息化专项规划和实施方案

科学合理的规划是保证工作能够持续顺利进行的重要前提之一。气象科普信息化是一项系统性很强的长期工作，必须结合目前气象科普工作、气象信息化和气象现代化的现实情况及未来发展方向，充分调查研究，制定符合气象部门特点的气象科普信息化专项规划，或者在气象科普规划中加入明确的气象科普信息化专题规划，明确气象科普信息化的定位、指导思想、工作目标、重点任务。为保证规划能够落到实处，还要制定相应的实施方案，把规划中的工作目标、重点任务逐条分解，变成可检查、可考核的具体工作任务，确定相关责任单位和人员，并为这些工作任务提供必要的政策、人员和经费保障，这样才能保证气象科普信息化工作的顺利开展。

3.4.3 推动气象科普信息化工作纳入气象业务服务体系

气象部门是业务部门，只有将气象科普信息化工作纳入气象业务服务体系中，使它成为气象业务服务中一个必不可少的环节，才能真正发挥气象科普信息化工作的作用；也只有与气象监测、预报预警、公共服务等核心业务紧密结合，才能提升气象科普工作的价值，才能为气象科普信息化工作争取到更多的支持和保障。

3.4.4 提升气象科普资源整合、共建共享和科学传播能力

充分利用气象科普信息化工作梳理整合气象部门科普资源，逐步推动分散的基础平台整合、网站整合、业务系统（包括数据库）的整合，在此基础上开展原创气象科普产品的设计和开发，促进资源优化配置，提升资源使用效益，建立资源共建共享、互利共赢、开放合作的气象科普工作机制，推动全国气象科普业务的一体化、集约化和标准化发展。

3.4.5 公益性科普事业和经营性科普产业并举

政府的支持对于科普工作的开展非常重要，而且目前气象科普基本上也是吃"财政饭"，但要想建设成具有"智慧气象"特征的气象科普信息化体系，必须更好地利用市场机制和社会力量。一方面推动气象部门各直属单位和各省（自治区、直辖市）气象局履行好其科普职责，另一方面也要鼓励他们充分发挥市场配置资源的决定性作用，动员更多社会力量参与科普信息化建设，积极促进科普事业和产业的协调发展，加快现代化气象科普信息化建设的进程。

3.4.6 建立完善社会动员和激励机制

目前气象部门专职的气象科普工作人员，尤其是科普产品策划、设计和创作人员很少。只有不断地建立和完善气象科普信息化建设的社会动员和激励机制，才能吸引更多的气象科学家、业务人员和社会公众参与到气象科普信息化内容的原创、共建、共享工作中，才能不

断地让气象科普工作融入气象服务业务，不断地提升气象科普信息化的品牌价值。

3.4.7 逐步完善人才队伍的培养、管理和保障制度

气象科普信息化人才主要包括以下方面：首先是科普创作人才，他们能够把深奥的科学知识和科学原理转化为公众能够听得懂的语言；其次是科学传播人才，他们是能够策划、设计、制作和传播的媒体人，如科学记者；第三是具有信息化技术的人才，他们对计算机、网络和一些前沿的信息化手段比较熟悉，能够把科学内容通过各种各样的表达方式和表现手法转化成生动、有趣的科普产品。有意识地加强气象科普信息化人才的培养可以保证气象科普信息化体系建设的质量，而把人才培养、管理（包括职称评审、岗位晋升等）和保障形成制度是具有“智慧气象”特征的现代化气象科普信息化体系能否成功的关键。

本章内容来源于2017年中国气象局软科学研究重点项目“‘智慧气象+科普’——现代化气象科普信息化研究”（重点项目2017[05]）成果，并根据最新信息进行了补充完善。

第4章

新时代气象科普人才队伍建设

人才是第一资源，气象科普事业发展更离不开气象科普人才的支撑。气象科普人才队伍的培养和建设是推动气象事业高质量发展、提升公民气象科学素质的关键性基础工作。尤其是在党和国家高度重视文化自信、科技创新，创新文化建设初见成效的大背景下，更应该抓住机遇，更好地培养和建设气象科普人才队伍，助力气象科普事业更好发展，促进科技创新不断取得新成果，为推动气象事业高质量发展注入科普人才的内生动力。

4.1 我国科普人才工作和创新文化建设状况

党的十八大以来，以习近平同志为核心的党中央带领全国各族人民开启了全面建成小康社会、建设社会主义现代化国家的新征程。习近平总书记高度重视科普工作，在担任中共中央政治局常委、书记处书记、国家副主席期间，连续5年参加全国科普日主场活动并发表重要讲话，其中在2009年指出，科技创新和科学普及是实现科技腾飞的两翼；2010年进一步指出，科学研究和科学普及好比鸟之双翼、车之双轮，不可或缺、不可偏废；2012年强调，要坚持把抓科普工作放在与抓科技创新同等重要的位置。2016年，习近平总书记在“科技三会”上指出：“科技创新、科学普及是实现创新发展的两翼，要把科学普及放在与科技创新同等重要的位置。没有全民科学素质普遍提高，就难以建立起宏大的高素质创新大军，难以实现科技成果快速转化。”这些重要指示精神是创新文化背景下科普工作高质量发展的根本遵循。2017年，科技部、中宣部联合印发《“十三五”国家科普与创新文化建设规划》，对“十二五”期间的全国科普工作和创新文化工作进行了系统总结，重点明确了“十三五”期间国家科普和创新文化建设的指导思想、发展目标、重点任务和主要措施，是国家在科普和创新文化建设领域的专项规划，是指导我国科普和创新文化建设的行动指南。

研究表明，目前我国的科普人才和创新文化工作主要呈现出以下几个特点：

一是公民科学素质和创新文化意识不断提升。根据中国科协2021年1月发布的第十一次中国公民科学素质抽样调查结果显示，

“十三五”期间，我国公民科学素质水平快速提升，2020年公民具备科学素质的比例达到10.56%，圆满完成“十三五”规划提出的目标任务。城镇居民和农村居民具备科学素质的比例分别达到了13.75%和6.45%；男性公民和女性公民具备科学素质的比例分别为13.12%和8.82%。

二是科普人才队伍持续增长。科技部发布的全国科普统计数据显示，2020年全国科普人员规模为181.3万人，科普人员队伍结构持续改善，专职人员数量持续增加，中级职称及以上或大学本科及以上学历人员在专职人员、兼职人员的占比分别为62.45%、55.21%，均比2019年有所上升。

三是有利于创新的文化环境正在形成。营造鼓励创新、宽容失败、开放包容的创新文化成为社会共识；关注创新、服务创新、支持创新、参与创新的良好社会风尚初步树立，大众创新创业渐成潮流。

总之，在进行科学技术研究、建设创新型国家的过程中，科普和创新文化将发挥非常重要的作用。作为国家科普能力建设和社会公共服务体系的组成部分，科普人才在提升全民科学素质及创新能力、推动各项改革举措深入实施方面发挥着重要作用，研究创新文化背景下的气象科普人才队伍建设对于气象部门来说非常必要。

4.1.1 科普人才的界定

人才的概念由来已久，但是人才标准一直是有争论的，《国家中长期人才发展规划纲要（2010—2020年）》中提出了“人才”的定义：“人才是指具有一定的专业知识或专门技能，进行创造性劳动并对社会作出贡献的人，是人力资源中能力和素质较高的劳动者。人才是我国经济社会发展的第一资源。”

《中国科协科普人才发展规划纲要（2010—2020年）》对科普人才进行了界定：“科普人才是指具备一定的科学素质和科普专业技能、从事科普实践并进行创造性劳动、作出积极贡献的劳动者。”此处界定的科普人才的内涵有3个质的规定性，即具有科学素质和科普专业技能（专业性）、有创造性劳动（资源性）和作出积极贡献（价值性）。依据此界定和《中国科普统计》的规定和相关研究结果，对科普专职人才进行界定：“从事科普工作时间占其全部工作时间60%及以上的人员。包括各级国家机关和社会团体的科普管理工作者，在科研院所和大中专院校，从事专业科普研究和创作的人员，专职科普作家，中小学专职科技辅导员，各类科普场馆的相关工作人员，以及科普类图书、期刊、报刊科技科普专栏版的编辑，电台、电视台科普频道栏目的编导，科普网站信息加工人员等。”

科普人才与我国社会主义建设各阶段的需求和任务紧密相连。新中国成立初期“一穷二白、百废待兴”，党和国家领导广大科技工作者进行了全民族的科技启蒙和科学理性的普及工作；改革开放后我国现代化建设步入高速发展阶段，对发展新科学技术提出更高的要求；2002年《中华人民共和国科学技术普及法》颁布实施，2006年后《全民科学素质行动计划纲要（2006—2010—2020年）》全面推开，尤其是中国特色社会主义进入新时代，在新发展阶段，我国对科普人才的需求更大，涉及的领域更广，要求也更高。

2021年最新出台的《全民科学素质行动规划纲要（2021—2035

年）》提出了我国公民科学素质建设新的目标，即2025年我国公民具备科学素质的比例超过15%，远景目标为2035年我国公民具备科学素质的比例超过25%，相比2020年我国公民具备科学素质的比例超过10%的目标，提出了更高要求。而人才作为创新发展的第一资源和科技进步的第一推动力，在实现新目标的奋斗过程中需要继续不断加强科普人才队伍建设和提升气象科普人才能力。

4.1.2 主要发达国家科普人才情况

政策、资金和人才是推动科普事业发展的坚强后盾。2011年，英国研究理事会（RCUK）和包括皇家学会、皇家社科院、皇家工程院、皇家医学院四大研究院在内的众多科研团体共同签署《公众参与科研的约定》，为研究机构、科研人员开展公众参与的科普活动提供具体指导，并承诺设立专项经费予以资助。2014年，颁布《英国科学与社会宪章》，明确提出要为科普活动者提供培训和支持，并定期开展评估。

2009年，时任美国总统奥巴马在美国国家科学院第146届年会上提出，通过加强数学和科学教育等政策措施，实现提高研发投入占国内生产总值（GDP）的比例这一目标，并在白宫举办科学节、创客节等科普活动。美国国家科学基金会仅2018年就投入资金6200万美元直接用于科普方向，并对支持的其他基金项目提出相应的科学传播要求。

19世纪中期起，德国的科学教育就开始系统化、职业化、批量化发展，德国政府对科普非常重视，建立国家科普平台，每年投入固定经费支持科研机构、企业和大学开展科普活动，科普工作者在大众心中始终享有较高地位。

各国政府是实施和推动科普工作的基础力量。

英国：早在1965年就颁布了《科学技术法》，将支持科学研究成果传播列为内阁大臣、部长等科技官员的职责之一，将促进科技知识的传播列为自主科研的研究理事会的职责之一；规模最大、影响最广泛的民间科普组织——英国科学促进协会独立于政府运行；2008年，成立全国公众参与协调中心（NCCPE），统一接收政府、研究资助机构、基金会等的资金；高等院校联合发起公众参与信标倡议，与社会上的博物馆、基金会、媒体和高校绩效评估机构等合作，强调公众参与科研的价值和文化，推动科研人员投入更多精力参与科普活动。

美国：美国联邦政府在全国科普工作中发挥着有效引导作用，参与科普最多的是国家科学基金会，国家航空航天局、海洋大气局等也通过共享教育科普资源和鼓励科研人员参与交流活动等方式积极参与科普工作；科学促进会和史密森学会等民间机构也是科普工作的主要参与力量；大多数企业为了提升公司的影响力，也常常参与科普活动；科普志愿者从准入、退出和日常管理都有着规范的机制。

德国：成立国家科学传播研究所，并建立国家科普平台——德国科普网站和“与科学对话平台”，以非营利有限公司的形式与德国主要的科学组织、基金会合作，依托股东贡献、公共捐助、基金会和协会提供等资金来源，通过组织科学讨论、展览、比赛活动和提供科学信息获取与交流平台等形式，为日常科学传播工作提供支持。科学家可以通过参加科学传播夏季学校来提高科学传播的知识和能力，也可以通过参与科学传播论坛等方式，交流自己的科普工作经验与想法。

科研人员的高度参与是推动科普工作高质量发展的核心力量。

英国2000年提出《公众参与科学技术》（PEST）新战略，将科普由科学家向公众单向普及模式变为双向沟通交流模式，并要求决策部门和科学家积极回应公众的关切和需求。每年各高校、科研机构、专业团体等都会集中举办科技活动吸引公众参与，并深度参与科普图书和科学纪录片的编写、制作。

美国威斯康星大学从1908年就开设了科学传播专业，培养专业科普人才，为美国带来了巨大的经济效益。美国所有科技项目的最后都有一项名为"公众宣传"的内容。为了鼓励研究人员进行相关的科普活动，美国科学基金会专门设立"研究经费追加科普拨款"制度。美国的高校和科研院所中较早开展科学传播研究，且科目细分程度较高。科学家通过创作科普图书、参与媒体传播等方式，深度融入科普工作。

德国鼓励研究人员与公民就他们的工作和社会相关性寻求对话，支持战略性地建立和扩展这些活动；致力于确保科学传播被认为是学科工作的重要组成部分，不仅关注结果，还关注方法和认知过程。分科类的科普期刊和马克·普朗克、弗朗霍夫、亥姆霍茨和莱布尼茨四大研究机构学会的独家期刊，定期以通俗易懂、图文并茂的方式，刊登介绍最新科技研究进展的科普文章，并免费向读者提供。

此外，其他先进国家也有类似的促进科研人员科学传播能力提升的做法。如荷兰的大学大都设有科学传播专业，进行本科、硕士、博士教育；挪威的大学中就对参加科学传播活动的学生进行针对性训练，并且通过“科研人员大奖赛”鼓励青年科研人员将复杂问题用通俗易懂的方式向公众做科普，总冠军将获得“挪威最佳科学传播者”称号并获得物质奖励，使科学家们在职业生涯早期就得到了系统的科学传播能力的训练和培养。

4.1.3 我国科普人才基本状况

在我国，科普人才培养的政策性文件不断出台，推动形成有利于科普人才成长和发挥作用的良好环境。1994年，《中共中央 国务院关于加强科学技术普及工作的若干意见》发布，其中明确指出要采取积极有效的措施，稳定和建设一支精干的专业科普工作队伍；2002年《中华人民共和国科学技术普及法》颁布实施，将科学技术普及和科普人才发展工作以国家立法形式确立下来，为科普人才事业的发展奠定了坚实的法律基础；2006年国务院发布《国家中长期科学和技术发展规划纲要（2006—2020年）》《全民科学素质行动计划纲要（2006—2010—2020年）》，从开展科普人才培养到办好科技传播等专业，推动科普学科和人才的发展目标朝向高端培养体系建设的方向发展；2008年《科普基础设施发展规划（2008—2010—2015年）》发布，进一步强调了科普人才队伍培养工程；2010年出台的《国家中长期科技人才发展规划（2010—2020年）》《中国科协科普人才发展规划纲要（2010—2020年）》，明确提出要大力推进“科普人才队伍建设工程”，科普人才发展必须遵循“服务发展、人才优先、以用为本、创新机制、高端引领、整体开发”的国家人才发展指导方针，并提出不同类别科普人才的发展目标与要求；2016年出台的《中国科协科普发展规划（2016—2020年）》提出实施科普领军人才计划，推动科普专业学科建设，深入推进科普专门人才培养；2017年，科技部、中央宣传部发布《“十三五”国家科普与创新文化建设规划》，进一步提出加强专业型人才的建设及建立评价考核机制；2021年，《全民科学素质行动规划纲要（2021—2035年）》则突出强调要“建立高校科普人才培养联盟，加大高层次科普专门人才培养力度”。

科普人才队伍规模不断扩大。根据科技部每年公布的科普统计数据，2010—2020年我国总的科普工作人员数量（含专、兼职科普人员）（图4.1）呈增加趋势，2010—2015年稳步上升，2015年达到峰值，之后至2020年略有下降。截至2020年，全国总的科普工作人员数量达181.30万人，10年来科普工作人员总数增加了6万多人。

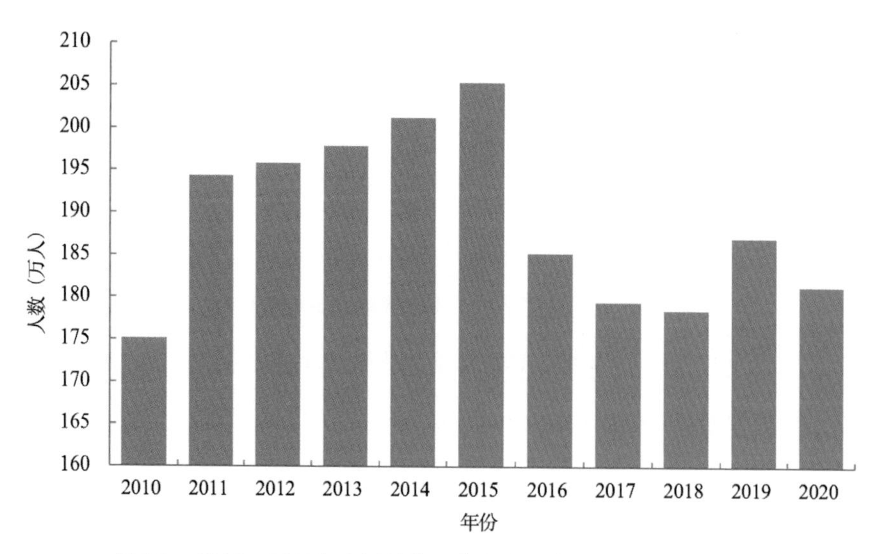

图4.1　2010—2020年全国科普工作人员总数（含专、兼职人员）
（制图：穆俊宇）

科普人才专、兼职人员结构布局持续优化。目前已形成以科普管理工作队伍、专职科普队伍、科普志愿者队伍为主体的科普人才队伍。据统计，2020年全国科普专、兼职人员数量均有所增长，人员队伍规模达到181.30万人，比2019年减少3.08%，但人员结构持续优化。中级职称及以上或大学本科及以上学历人员在专、兼职人员的占比分别为62.45%、55.21%，均比2019年有所上升。专职科普创作人员达到1.85万人，比2019年增加6.50%。专职科普讲解人员4.15万人，比2019年增加1.93%；兼职科普讲解人员27.30万人，比2019年增加2.86%。

科研人员参与科普工作中日益积极。2006年《国家中长期科学和技术发展规划纲要（2006—2020年）》中就明确要求实施全民科学素质行动计划，加强国家科普能力建设，建立科普事业的良性运行机制；科技部《关于科研机构和大学向社会开放开展科普活动的若干意见》明确要求开放单位加强开放工作的人员队伍建设。从2015—2020年科技部发布开放重点实验室的通知，以及国家重点实验室、重大科技基础设施等科研机构、大学向社会开放的个数看（图4.2），2015—2019年呈现逐年增加趋势。2020年略有减少，开放个数为8328个，比2019年减少28.19%，但由于部分单位采用了线上接待访问方式，2020年接待人数达到1155.52万人次，比2019年增长21.89%。科研机构、大学向社会开放并传播科学知识、科学方法、科学精神的同时，普及最新的科研成果和前沿科技发展势必需要科研人员参与其中，因此推算，科研人员参与科普活动的人数在逐年增加。

科普人才创新创业成果高质量发展。据统计，2019年全国建设

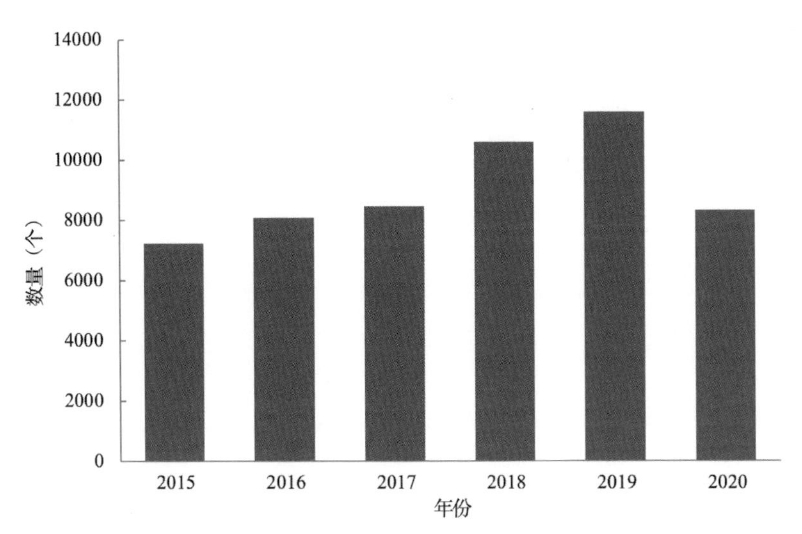

图4.2　2015—2020年国家重点实验室、重大科技基础设施等科研机构、大学向社会开放的个数（制图：穆俊宇）

举办科普活动的众创空间9725个；组织创新创业培训类科普活动8.84万次，参加培训人数533.36万人次；开展科技类项目投资路演和宣传推介活动2.85万次，共有135.63万人参加；举办科技类创新创业赛事8697次，共有283.78万人参加。

4.2 我国气象科普人才队伍建设状况

国以才立，政以才治，业以才兴。对于任何事业，人才是第一资源。建设气象科普人才队伍是气象事业发展的必然要求。气象科普人才队伍的建设，是服务国家创新驱动发展战略、满足保障人民美好生活需要与美丽中国建设需求、推动气象事业高质量发展、适应新技术快速发展的关键性基础工作。

气象事业是科技型、基础性、先导性社会公益事业，做好气象科普工作对于树立气象部门在政府和公众心目中的形象有着潜移默化的影响，培养气象科普人才是提升气象社会影响力的重要保证。而气象科普人才的综合素质和业务能力，则直接关系着气象科普工作的成效，影响着气象部门的社会形象。

4.2.1 气象科普人才队伍建设特点

（1）气象领域科普人才建设优势

全国气象部门的双重管理机制有利于气象科普工作的开展。《中华人民共和国气象法》第五条规定："国务院气象主管机构负责全国的气象工作。地方各级气象主管机构在上级气象主管机构和本级人民政府的领导下，负责本行政区域内的气象工作。"即气象部门实行的是"气象部门与地方政府双重领导、以气象部门领导为主"的领导管理体制。这一体制既有利于气象科普业务体系建设和人才队伍管理，又有利于争取地方各级政府对于气象科普工作的政策资金支持，加强与地方相关部门的合作交流，为气象科普工作的开展提供了保障。

各级气象业务基础设施提升气象科普活动吸引力。因为气象与公众生产生活关系密切，所以公众对于气象工作所使用的各类仪器设备、业务系统以及工作流程等都具有极大的好奇心，对于相关知识的科普需求旺盛。而在全国各地，各级气象部门和所属气象台站内均建有大量的气象探测设施、人工影响天气设备、气象预报预测业务平台等基础设施和业务系统，这一得天独厚的优势，可以很好地满足公众的科普需求，大大提升气象科普活动的吸引力。

业务与科研紧密结合为气象科普提供内容保障。气象事业是与经济建设、国防建设、社会发展和人民生活密切相关的科技型、基础性、先导性社会公益事业，科技含量高，公益性强，对于科技创新要求非常高。所以，气象部门的业务与科研结合相当紧密，气象科学成果丰硕、应用广泛，为气象科普工作持续发展提供新的内容。气象部门的这一特点，不但为气象科普工作提供了广泛的受众群体，还确保了气象科普内容的科学性、权威性与创新性。

（2）新时代创新文化对气象科普人才建设的要求

面对新形势新需求，气象科普人才建设工作要与时俱进、守正创新，适应新时代创新文化和科普工作的新特点。

适应科普对象的转变。气象科普人才需要适应科普对象从重点面向青少年、农民向面向包含产业工人、老年人、领导干部和公务员等全体公众转变，增强科学体验效果。这种转变既是新时代所有科普工作的特点，也与当前气象灾害主要影响对象组成特点相对应。

适应科普内容的转变。气象科普人才需要从一般气象科学技术知识向更加注重弘扬科学精神、掌握气象领域科学方法、传承中华优秀传统气象（包括天文）文化、普及气象现代化最新科技成果转变，提升自身的科普原创能力和科普展品研发能力。重点针对大气环境、重大气象事件和灾害、气候变化等群众关注的社会热点问题和突发事件，及时解读，释疑解惑，正面引导公众正确理解和科学认识与气象相关的社会热点事件。

适应科普传播方式的转变。气象科普人才需要从适应传统媒体传播、场馆展示为主向传统媒体和新媒体融合、互动转变，尤其是要善于挖掘各种新传播技术，特别是基于互联网的科普传播方式和载体在表现气象科技知识方面的潜力，实现科普理念、科普内容、传播方式、运行和运营等服务模式的不断创新。

适应科普工作方式的转变。气象科普人才要从习惯政府主导抓重大科普示范活动向政府引导、全社会参与的常态化、经常性科普转变，要善于使用各种资源和平台来进行科普活动。积极参加“科技活动周”、文化科技卫生“三下乡”、“公众科学日”等品牌科普活动，以及“世界气象日”等具有明显气象特色的主题科普活动。

4.2.2 近年来气象科普人才队伍建设的主要成绩

（1）气象科普人才队伍日益壮大

2015—2019年，全国气象科普人员数量稳中有升，其中，兼职人员队伍增长速度要明显快于专职人员队伍增长速度（图4.3）。截至2019年，全国省级气象部门科普人员总数1482人，较2015年增加377人，2019年气象科普专职人员183人，占气象科普总人数的12.3%。2015—2019年，气象科普专职人员数量增加40人；气象科普兼职人

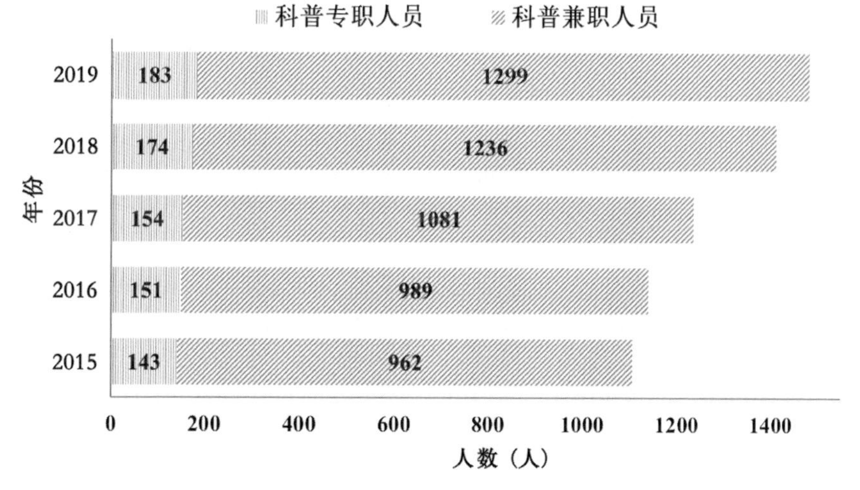

图4.3　2015—2019年全国省级气象部门科普人员数量（制图：穆俊宇）

员1299人，专、兼职人员比例为1:7.1，接近《中国科协科普人才发展规划纲要（2010—2020年）》专、兼职科普人员1:7的比例目标。另外，可以看到，2016—2018年是气象科普人员队伍增加明显的阶段，3年全国增加了305人，平均每个省增加了近10人。其中，2018年气象科普人员总人数增长率达14.1%，这与气象部门落实习近平总书记关于科学普及的重要讲话精神和《气象科普发展规划（2019—2025年）》中要求省级气象部门明确气象科普业务承担部门和鼓励科研业务人员多参与气象科普工作有关。

（2）气象科普专职人员素质逐步提升

科普人员职称情况可以直接或间接反映科普人才素质的高低。气象科普专职人员是气象科普事业有效、有序、高质量发展的关键，因此进一步分析气象科普专职人员现状及职称情况（图4.4）。目前，气象科普专职人员以中级及以下职称人员为主。2015年以来，全国气

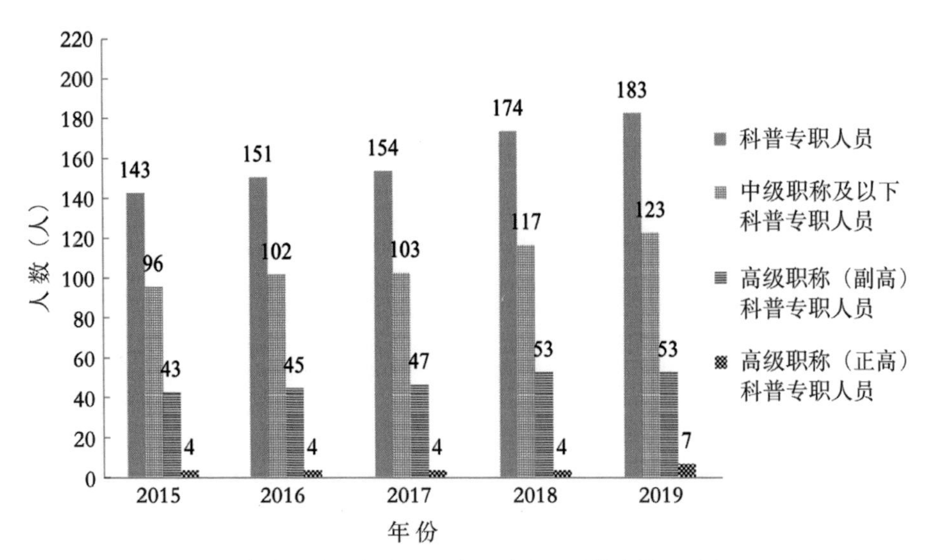

图4.4 2015—2019年全国省级气象部门专职科普人员构成情况（制图：穆俊宇）

象科普专职人员数量逐年上升中，截至2019年，全国省级气象部门科普专职人员总数183人。其中，中级职称及以下科普专职人员共计123人，占气象科普专职人员总数的67.2%；副高级职称专职人员53人，占总人数的29.0%；正高级职称人员7人。从职称的情况可以判断，气象专职科普人员的素质在提升，副高的人数在逐年增加，正高人数2019年出现明显的增加，中级及以下职称人员比重最大。这表明，气象科普人才队伍具有很大的潜力和活力，建立合理的培育和激励机制，将使队伍得到良性提升并成长为一支高素质、具专业权威的科普生力军。

（3）气象科普人才队伍建设创新案例

——上海

上海市气象局宣传科普与教育中心于2019年1月正式成立运行，承担上海市气象局气象科普、气象宣传工作任务，负责上海气象博物馆的日常运维工作以及其他工作。上海市气象局宣传科普与教育中心成立以后，为培养气象科普人才，施行了一系列办法。

一是鼓励中心青年科普工作者申报上海市气象局各类科技人才计划。2019年3月至2021年12月，上海市气象局宣传科普与教育中心先后有4名青年入选上海市气象局“气象新苗”人才培养计划，成为该局首批气象科普方向的气象青年人才计划培养对象。培养方向涵盖气象博物馆品牌化运营、气象文创开发、气象健康科普等。

二是出台科普创新团队相关办法。为完善上海市气象局宣传科普与教育中心气象科普人才培养和动员机制，建立科研与科普结合机制，广泛调动业务人员科普工作的积极性，成立科普创新团队，2019

年出台《上海市气象局宣传科普与教育中心科普创新团队管理办法（试行）》。科普创新团队结合气象科普工作的发展实际，以中国气象局《气象科普发展规划（2019—2025年）》为长期规划方向，以中心年度重点科普工作任务为短期规划方向。科普创新团队承担提升气象科普作品的创作力、提升气象品牌活动的影响力等主要任务。

三是实行青年科普工作者双导师制。上海市气象局宣传科普与教育中心为满足优秀青年科普工作者的核心需求，提供符合人才需求的业务与技能培训，为其配备高水平导师，指导其提升科普产品创作与研发水平的思维能力。中心目前有7人配备了双导师，一名为专业导师，一名为局外导师。专业导师主要是邀请气象局内专业水平较高、对气象科普有一定了解、具有高级工程师职称以上的科技工作者，辅导青年科普工作者的科普创作，或者开展合作。局外导师主要是邀请上海知名高校、党校、团校有较强理论水平的导师，提升青年科普工作者科普作品的创作能力等。

——河北

一是组建科普创新小组解决科普专职人员少的问题。由专职科普人员牵头，吸纳对科普工作有一定积极性并具备相应特长的其他业务人员，开展相关的科普项目研究和科普产品研发工作。

二是提升基层科普工作水平。针对基层科普工作力量弱、经验少等问题，一方面根据基层需要，资助各市、县气象局创作科普产品、图书，鼓励各地开展科普宣传活动；另一方面为有需求的市、县局提供经费和技术支持，结合当地特色指导相关业务人员参与科普产品研发，为当地量身打造科普活动方案，手把手教授经验，带动基层气象科普工作水平全面提升。

三是实现科普工作业务化。梳理气象科普产品研发和科普活动策划组织的业务流程，明确每项工作的关键时间节点和推进步骤，并形成制度予以固化。

四是以研究促发展反哺科普工作。以研究型业务发展思路，指导特色科普产品研发和专题活动方案设计，并通过科技成果转化，实现对科普工作的反哺，激发气象科普工作人员的积极性。

五是多维合作，建立气象科普人才队伍。对科普工作进行细化分解，明确每项任务的开展思路、实施方案和人员需求，与河北省气象局有关直属单位和市、县两级气象部门多维合作，按照“以用为本、用好用活”的原则，将有意愿、有专长的人才聚而用之。通过联合申报项目、携手组织活动、提供技术指导和手把手传授经验等措施，培养、建立了一支高素质气象科普人才队伍，带动了全省气象科普工作活跃发展。

——浙江

一是创立气象科普品牌。浙江省嘉兴市气象局2019年创立气象轻科普品牌——布克·私议，由于布克·私议科普创作强调轻松、轻度、轻盈的风格，因此作品受到全社会的关注。布克·私议也为市、县级气象科普创新提供了一条思路，可以激励市、县级气象服务人员创作和开发社会喜爱的科普作品。继布克·私议之后，嘉兴市气象部门又连续创立了两个气象科普品牌，分别针对不同人群、以不同的科普形式进行创新创作，嘉兴气象部门科普矩阵初现规模。

二是成立科普创新团队。嘉兴市气象局成立了科普创新团队，为科普产品创作、科普人才培养和储备提供保障。团队由全国气象科普十大创客、中国气象局科普创客团队成员牵头组建，团队成员由高级、中级和初级职称科普服务人员组成，鼓励非气象专业的人才加入团队，为创作提供更多的思路。团队每年有固定经费，以保障团队学习、研发和科普产品的创作。团队成员在科研课题申请、职称申报及交流学习方面均有优先权，以鼓励科普人才进行创新和创作。

三是多方互融、增强地方科普黏性。嘉兴市气象学会主动参与当地科协发布的科普实施纲要和立项的科普项目。2020年、2021年连续两年获得嘉兴市科协立项的科普产品研创项目。2021年世界气象日，由嘉兴市气象局和嘉兴市科协联合主办的“山海连线云绘画”科普活动在浙江嘉兴、浙江丽水、新疆阿克苏、四川阿坝州开展，并取得良好的科普效果和社会效益。2019年布克·私议轻科普活动被评为“嘉兴市十大科普活动”；2021年布克·私议科普团队主创被评为“嘉兴市十大科普人物”。九三学社嘉兴市委员会2020年确定将布克·私议科普品牌作为“党派合作、社会服务”的共建品牌。多方合作互融增强了气象科普的行业覆盖面、社会影响力，对于气象科普内容形式创新、服务社会服务大众都有较好的促进作用。

——广东

一是赛事中挖掘科普人才。从2015年开始，广东省气象局认真组织人员参加中国气象局举办的全国气象科普讲解大赛，发掘了一批热衷于科普讲解的人才队伍。另外，积极组织赛前培训工作，鼓励专家参与讲课，增加专家对气象科普工作的了解，培养专家参与科普工作的热情。同时，利用培训机会，将受训人员范围扩大到有志于参与科普工作的每一位工作人员，有效培养了一支广东气象科普队伍。

二是考核促发展。自2017年以来，广东省举办了4次气象科普讲解大赛，从中选拔选手参加全国气象科普讲解大赛。同时，将参与气象科普工作纳入年度目标考核项目，得到了各级领导的重视和逐步认可，为气象科普工作的开展以及科普人才成长提供了创新发展的土壤。

三是融合式培育科普人才。广东省气象局办公室与广东省气象学会秘书处紧密合作，共同促进气象科普工作。双方联合组织、共同参与、协商落实，统筹全省气象科普资源，谋划气象科普区域特色，多渠道推举、培养气象科普拔尖人才，提高气象科普工作者的热情。目前已有7位专家被省科协聘为广东科普讲师团成员。

——气象行业类高校

一是利用学科优势打造科普基地。成都信息工程大学气象科普教育基地建有多个实验室和观测场，具备完善的气象科普活动体系，2017年获批“四川省科普基地”，能同时接纳约500人/次的科普参观活动。该科普基地组建了由专业教师和相关专业学生志愿者组成的科普队伍，现有高级职称教师50余人，博士学位教师70余人，着力打造科普名师团，并从本科生、研究生中选拔培养优秀学生加入科普工作团队。

二是举办科普赛事，扩充人才队伍。定期举办学校气象科普讲解大赛、气象公益广告设计大赛、气象百科知识竞赛等科普赛事，通过科普讲解、作品展示等方式以赛促学，为气象科普传播、讲解和志愿人员搭建学习交流平台，同时扩充气象科普人才队伍，进一步提升气象科普传播能力，推动气象科普工作持续健康发展。

三是在活动中锻炼气象科普人才。成都信息工程大学发起的“气象防灾减灾宣传志愿者中国行”活动，目前已经成为普及气象防灾减灾知识、提升国民应对气象灾害的意识和能力、提高全民科学素质的具有代表性和全国影响力的高校志愿者文化品牌活动。自2007年启动以来，累计组织了20000多名志愿者、1900多支分队，奔赴全国各地开展气象防灾减灾科普宣传工作，在活动中实地锻炼气象科普人才队伍，卓有成效。该活动入选“2019年第二届世界公民科学素质促进大会”案例展览。

4.2.3 存在的不足及原因分析

气象科普人才总量不足，基层气象科普人才队伍未有效建立。专职气象科普人才相对缺乏，兼职气象科普人才队伍不稳定。统计数据显示，截至2019年，全国省级气象科普专职人员只有183人，平均每省不足6人，市、县两级基本没有专职科普人员，个别省份省、市、县三级均没有专职科普人员；气象科普兼职人员1299人，虽是专职人数的7倍，但大多数属于临时受邀参与科普活动，没有形成稳定的兼职科普人才队伍，难以发挥应有的作用。

气象科普人才队伍结构不合理，区域分布不均衡，高水平专业科普人才紧缺，从事气象科普工作的科研人员偏少，基层科普人才类型单一。目前，我国气象科普人才在层次、类型、区域分布等方面存在结构和比例上的失衡。在职称结构上，现有科普人员高级以上职称偏少，以2019年数据为例，全国专职气象科普人员中级及以下职称人员占67.2%，副高职称占29.0%，正高职称仅占3.8%；各省份气象科普队伍规模差别较大，2019年统计数据显示，重庆、上海、黑龙江、贵州、河北和湖南6省（直辖市）专职人员超过10人，而甘肃等省份无专职人员；湖北、重庆、福建等省（直辖市）兼职人员超过100人，而浙江、云南、青海、河南和吉林等省份则无兼职人员队伍。在人员素质上，无论是专职还是兼职人员，大都存在所学专业及技能单一等现象，缺乏高水平的综合性科普人才和能够及时将最新气象科技成果向公众进行深层次科普的气象科研人员，无法将气象科普推向深入以适应气象科普跨界融合的新需求。

气象科普人才评价和培养机制不健全，管理和培养制度不完善，科普人才发展与晋升渠道受限。全国气象系统现行的职称评定和各类人才培养与考核评价体系在2019年以前尚未形成（2019年在正高、副高评审中，将“气象服务与应用气象”方向调整为“气象服务与应用气象（含气象科普）”），面向科普工作人员的培训制度、教学大纲、课程体系和师资队伍等均尚未建立，对于气象科普工作的全力推进和科研人员参与科普的积极性有较大影响。

究其原因，主要有两方面因素。一是政策因素。在政策制定层面，我国气象科普人才队伍的建设还处在初级阶段，缺少明确的顶层设计和具体的管理制度、业务规范、评定标准以及资金支持，无法满足建立气象科普人才队伍、服务气象事业高质量发展的需求；在政策执行层面，缺少硬性的考核指标，“软任务”多于“硬措施”。二是环境因素。在社会环境层面，科普工作通常难以融入政府主要工作体系，使得科普人才队伍建设、培养、晋升等都面临很多问题。在行业环境层面，科普工作尚未纳入主流业务体系，投入的经费有限，不利于营造气象科普事业的良好发展氛围。

4.3 新时代我国气象科普人才队伍建设的对策和建议

全面贯彻落实《全民科学素质行动规划纲要（2021—2035年）》精神，遵循“服务发展、人才优先、以用为本、创新机制、高端引领、整体开发”的国家总体人才发展指导方针，结合气象事业发展的实际，坚持遵循科普工作的开展规律，选拔培养优质气象科普人才，着力打造专、兼职结合的气象科普人才队伍，建立健全气象科普人才队伍建设体制机制。

4.3.1 对策思路

围绕业务，服务发展。按照气象事业高质量发展目标，聚焦监测精密、预报精准、服务精细，面向气象防灾减灾第一道防线的构建，注重科普人才“解”气象、“用”气象、“融”气象的能力提升；着眼气象科技创新，鼓励和支持优秀气象科技人员参与科普；强化系统观念，吸引和聚集气象相关领域和行业的优秀科普人才。

专兼结合，以用为本。贯彻落实《全民科学素质行动规划纲要（2021—2035年）》，结合针对青少年、农民、产业工人、老年人、领导干部和公务员五类人群的科学素质提升行动，形成不同侧重的科普队伍，满足公众对科普快速化、多样化、差异化的需求。按照“以用为本、用好用活”的方针，不同专业部门通力合作，培养建立权威性专职科普人才队伍；制定有效管理激励机制，着力培养整合兼职气象科普人才队伍与气象科普志愿者队伍。

科技引领，整体发展。按照研究型业务发展思路，指导特色科普产品研发和专题活动方案设计，宣传科普气象行业前沿技术成果。加强气象科普品牌化建设，通过建设气象科普品牌创新“平台”和“阵地”，锻炼气象科普人才队伍，选拔、培养高端气象科普人才。高度重视区域发展不平衡、不充分的问题，建立向中西部地区及中小城市倾斜的科普队伍建设政策。

4.3.2 主要建议

（1）壮大科普队伍，优化人才结构

发展培养专职队伍。着力推进气象专职科普队伍发展壮大，把气象科普业务人员纳入气象部门各类高层次人才培养计划，加强培养专职气象科普人员的综合能力，特别是跨界融合能力，既要有气象科学专业素质，也要具备科普创新方式、方法的前瞻眼光，充分了解新媒体时代的传播技术。要采取多种方式激励气象科普创作，培养、选拔兼具科学素质和创新能力的优秀气象科普创作人才；鼓励创作多种形式的气象科普产品，为科学传播不断开发和积累科普资源，以适应不同的受众群体。

建设国家气象兼职科普人才库。鼓励社会各界有意愿、有能力的志愿者加入气象科普工作队伍，创建气象科普志愿服务信息平台，打造志愿品牌项目；整合气象兼职科普人才，吸纳和组织气象科普志愿者、气象局各单位业务人员、《天气预报》节目主持人及相关专业学生等组成科普团队，以开展丰富多样的科普活动；培养具有气象、全媒体传播等专业背景的复合型人才，形成兼职气象科普人才库，着力打造一专多能的气象科普人才队伍；不间断地提供后续教育机会，使兼职科普队伍能持续跟进气象行业科技进展；健全兼职科普人才队伍管理机制，建立激励机制，完善气象科普服务流程。

组建高水平科普创新团队。依托气象科普创客团队，设立气象科普创新项目，吸引高水平专业人员加入；支持气象相关科研机构和单位利用资源优势开展创新科普工作；打造多元化气象科普品牌，鼓励气象专家组建科普工作室，全方位、多角度拓展气象科普工作；立足

气象科普实际工作需求，以用为本，在实践中培养各类适用、好用的科普人才，创造机会和条件使各类科普人才各尽其能。着重提升科普人才的创新能力，根据五类人群（青少年、农民、产业工人、老年人、领导干部和公务员）所需创建科普团队，以不同方式有针对性地传播科普。

（2）落实主体责任，强化体制机制

加强组织领导。落实各级气象部门科普主体责任，建立健全气象部门联席、媒体合作、专家参与的常态化科普及应急科普工作体系。强化以中央为主导，制定相关政策，明确部门责任，统筹部署协调，有关部门、单位协作配合的气象科普人才队伍建设总体规划。根据《全民科学素质行动规划纲要（2021—2035年）》要求，细化科普对象，针对不同受众人群进行具象拓展，有计划分层次建立气象科普人才队伍，有效开展工作。

建立激励机制。优化科普岗位设置，研究设计科学合理的考核评价体系，推动业务创新技术成果科普转化，激发优秀人才从事气象科普工作积极性。结合不同层次的需求，采用多元化的激励措施。针对一线气象科普业务人员侧重优化薪酬管理、满足基本保障、定期开展专项培训、打通职称晋升渠道等；鼓励科研人员参与科普创作、活动，引导其加入科普团队，同时给予相应的长效奖励及荣誉，以吸引更多气象专业科普人才加入，壮大高素质人才队伍。开拓创新思维模式，提升工作责任感，制定长效发展目标，为取得良好效益的科普团队提供相应资助。

推动形成科普发展合力。拓展气象科普人才的交流渠道，建立与高校、科研单位和主流社会媒体的合作机制，共同策划组织重大主题和专题气象科普活动、发布重大气象成果等，全面提升气象科普人才的服务水平，提升气象科普内容资源创作和传播能力，助推气象科普工作的开展。与相关高校合作，建立气象科普人才培养联盟，推动设立气象科普专业，加大高层次气象科普专门人才的培养力度。创新组织形式，鼓励各类资源支持气象科普人才成长。搭建科普人才建设平台，并以项目资金驱动人才建设稳步发展。

（3）加大培训力度，持续优化队伍

制定规范培训方案。加快制定配套科普人才规范培训方案。根据不同区域的气象科普人才需求进行定向培养，对包括气象科技前沿和科学思想等通识类知识，气象科技史、气象专业类知识、气象科普技能，以及教育心理学等在内的知识和能力进行系统性培训，形成对科普人才培养、培训的细节要求，同时建立科普人才培养投入保障制度。从顶层做好气象科普人才培训设计，与气象行业相关高校展开深度合作，将气象科普培训作为高校培训课程之一，为科普人才队伍培养形成长期保障和稳定基础。细化面向特定受众的科普人才培训方案，在培养复合型气象科普人才的同时，重视培养定向型气象科普人才，如面向农民的科学素质提升，面向老年人的科普读物创作及科普专家讲座，面向产业工人的应急演练、安全知识等提升应急能力的培训方案。

遴选优质培训教员。强化与相关行业类高校、科普机构的联系与合作，选聘具备较高气象科学素质（包括科学知识、科学方法、科学思想、科学精神）、科学知识再造能力，或运用传媒手段进行科学传播能力和科普活动策划、实施等实践能力的教师及学者，建立一支专、兼职并存，多领域融合的气象科普师资培训队伍。向科普人才缺乏的区域给予政策倾斜，鼓励高层次气象科研人员帮助优秀气象科普人才进一步提升科技水平，有意在基层发现和培养不同类型的气象科普人才。

将常规化培训与科普实践活动相结合。推动将气象科普业务和管理培训纳入中国气象局年度培训计划。采用线上、线下相结合的形式，加大对全国气象部门骨干气象科普人员的培训力度，建立常态化的气象科普人员定期交流制度，提高气象科普人才队伍整体业务素质和能力。依托气象科普场馆、科普教育基地等，对培训成果进行实地演练和操作，有效弥补技能性科普的培训内容，通过理论与实践相结合的方式促进科普技能的有效提升。重点培育一批高水平的气象科普场馆建设运维、科普创作和设计、科普活动策划和组织，以及气象科普理论和实践研究等方面的高端科普业务和管理人才。

本章内容来源于2021年中国气象局软科学研究重点项目“创新文化背景下气象科普人才队伍建设研究”（2021ZDIANXM16）成果，并根据最新信息进行了补充完善。

第5章

国家级现代化气象科普业务评估指标

随着全球气候变暖和极端气象灾害多发频发重发态势日趋严重，气象科普工作在提升社会公众防灾减灾意识和应对气候变化能力方面的作用越来越突出。气象科普工作已经基本构建起内外联合、上下联动、资源共享、管理顺畅的新格局，基本实现气象科普业务化、常态化、社会化、品牌化发展。对于气象科普工作，尤其是正在业务化进程中的气象科普工作来说，开展相关工作评估指标研究和体系建设，对于有效引导和激励整个气象部门创新科普理念，建立科学规范的气象科普业务工作流程和体系都将具有不可替代的作用。对气象科普工作进行客观、公正和全面的评价，是我国气象科普工作实施科学管理和能力建设的基础。

5.1 气象科普业务评估研究的必要性

气象科普业务评估的重要意义具体体现在评估体系的功能上，主要表现在以下几个方面。

5.1.1 增强气象科普业务机构的自觉性和内在动力

气象科普业务评估的重要功能是能够增强气象科普业务机构或组织的自我意识，提高考评对象强化科普管理与科普效益产出管理的自觉性。科普活动效益产出目标的确立及对目标的追求，是科普机构自觉功能的体现，而目标的实现又进一步提高了科普机构强化科普管理的自觉性。如果科普活动管理与目标的实现受到挫折，则会促使其反观自身，使科普机构更具有清醒的自我意识，从而提高其改善科普活动管理效能的自觉性。

获取更好的科普工作效果将成为推动各种科普组织或机构开展各种科普项目、科普活动的目的和内在动力。目的和内在动力产生需要，进而产生紧迫感、责任感，从而迫使科普机构努力开发、获取、节约某些科普资源，努力完善科普项目管理，努力创造良好效果，最终形成巨大推动力，促进科普工作不断发展。

5.1.2 提升气象科普业务机构的潜力和科普效益

气象科普评估将科普工作的各方面、各环节的行为取向引导到评估绩效上来。任何行为都不是盲目的，趋利避害的天性使得科普机构在科普工作的管理和运行中总是朝着对自己最有利的方向运作，围绕评估绩效的价值取向，追求绩效的最大化。被评估的科普单位通过评估结果，及时了解和掌握自身的核心竞争力，并通过评价，找出自身存在的薄弱环节和发展潜力，从而达到发挥优势、克服劣势、挖掘潜力、进一步提高气象科普业务效果的目的。

通过评估，气象科普机构能够进行经验总结，提升团队的综合实力。同时，了解科普的效果如何满足、是否能满足公众需求，是否能有效提高公众的科学素质，能够更加有针对性地了解情况，发现问题、解决问题，增加科学性，提高科普的效率，提升气象科普工作的水平和效果。

5.1.3 促进气象科普业务机构的规范化发展

科普作为一项社会实践活动，包括科普主体、对象、方式、内容、目标等诸多要素。在要素繁多的情况下，如果总结出规律，促进规范建设，就可以提升科普的整体效果。

气象科普评估体系蕴涵着大量的规范要求。一是蕴涵着科普管理行为的规则、尺度和标准。规范的具体模式是示明“什么应当做”或“什么不应当做”，这个问题可由规范判断的形式来表现。而规范判断以价值判断为基础，它所表达的“应当”如何就包含着对科普绩效价值的肯定，而“不应当”如何则包含着对科普绩效价值的否定。二是气象科普评估体系凝聚着气象科普发展理念。科普机构的行为和活动都服从一定的发展理念，可以自觉克服某些短期行为，将近期利益与长远目标结合起来。

5.2 国内外科普评估研究现状

科普评估就是运用科学的方法、遵循一定的原则和程序，对各类科普工作及科普要素的能力及其影响进行测度，从而促进被评估对象提升科普工作管理水平和效果的一系列科普管理活动的总称。

国外开展科普评估及其相关活动的时间相对较早。1953年，科普评估在美国作为一项专门的活动开展起来。1972年，美国成立国会技术评估办公室，标志着美国科技评估走向规范化和成熟化，并以其完善的评估机制、丰富的评估形式和内容影响了很多国家和其他领域，为后来的科普评估奠定了理论基础、提供了方法上的借鉴。20世纪80年代前后，欧美各国普遍开始开展科普效果评估，当时国际上主办了许多国际性的科普学术研讨会，欧美各国就这些会议开展了大量的效果评估活动。

美国政府的许多部门和机构都负有开展科普工作的使命。如美国国家科学基金会、国家航空航天局、能源部、商务部、内务部、教育部、国防部、卫生与公共服务部等。美国国家科学基金会的科普工作主要是通过其非正规科学教育计划实施的。它有一整套严格的项目审批和评估制度：一方面项目申请书中必须包括严格、全面的项目评估计划；另一方面还专门设立由外部专家组成的评审委员会，根据项目申请书、项目年报和项目终期报告等资料对项目绩效实行同行评议，实现对项目的外部监控；此外，还委托独立的第三方，即外部评估机构进行社会评估。英国政府资助的重大科普项目和科普活动一般委托评估公司进行评估，如1994年起举办的全国科技周活动，每年都请英国评估协会公司进行效果评估。英国公众理解科学委员会还编写了评估手册，专门推广如何对科技周活动进行效果评估。

国外对科普活动效果评估研究相对比较深入和成熟，多以个案研究为主，大型活动如德国的爱因斯坦年评估、英国曼彻斯特科学与工业博物馆巡展评估，小型活动如对荷兰一个科学聚会活动的评估等。当然，也有对科普活动监测评估的一般性探讨，如探讨科普活动评估的目的以及国外科普活动评估的一些做法，这些讨论都比较注重实际操作。另外，国外科普活动效果评估机制推崇第三方评估，自评估也有采用，评估手段以网络调查、问卷调查、访谈及观察法等为主，效果评估的主要指标包括活动的社会影响，活动对公众引起的态度、行为层面的变化等。

在针对公民的科学素质水平评价方面，1983年，美国学者米勒提出科学素质的测量模型，从对科学知识概念的理解、科学研究过程的理解、科学技术对个人和社会的影响3个维度测评公民的科学素质。1988年，米勒和英国学者杜兰特等合作，开发出一整套考察人对科学概念和科学研究过程理解程度的事实性科学知识量表（FSK），成为各国公民科学素质评测和比较的基础。2001年9月，英国博物馆、图书馆、档案馆委员会提出了一项衡量博物馆、档案馆、图书馆学习影响与成果的方法。

我国科普评估工作起步较晚，理论界和实际工作者对科普评估问题的探讨尚不深入，有关科普评估的系统化理论研究尤为少见。中国科普研究所是最早开展科普评估研究的机构，该所于2000年开始酝酿、设计、申请科普评估方面的课题，2002年正式立项并开展研究，2003年形成初步研究成果《科普效果评估理论和方法》。随后，有学者运用此评估理论，开发设计了科普效果评估指标体系，并对全国的科普效果分省、分区域进行了试评估。2005年以后，随着科普评估理论研究的深入，实践也不断深入，陆续出现了一些科普评估的著作，如《科普效果评估研究案例》《科普项目管理与评估》《科普监测评估理论与实务》等。2015年，中国科普研究所课题组完成了第九次中国公民科学素质调查，以及对我国各地公民的科学素质监测评估，调查引用了米勒体系及FSK体系并进行了本土化调整。中国科普研究所的科普基础设施发展状况监测评估课题组设计了一套包括3个一级指标、7个二级指标、23个三级指标的监测指标体系，重点考察和监测了我国科普基础设施的规模、结构、效果等方面的发展情况。2017年，全民科学素质纲要实施工作办公室发布了《科技创新成果科普成效和创新主体科普服务评价暂行管理办法（试行）》，在政策上对科普评估提出了具体的要求，从科技成果科普成效评价、创新主体科普服务评价两个方面评估科普成效。

科普评估目前在各个方面尤其是科普活动、展教、资源开发等方面得到广泛应用。如俞学慧从科普项目经费分配和利用的角度提出了一套科普项目支出绩效评价体系；郑念等对科技馆常设展览的功能和效果表现、评估的维度和类型、评估指标体系的构成等进行了理论上的探讨，并设计了科技馆常设展览效果评估的指标体系；潘龙飞等通过公众、媒体和组织者评估方法，对大型科普活动的效果进行了评价研究；胡萌等借鉴国内外科普效果评价指标体系及评价方法的研究，结合江西省科普实际情况，构建了包括科普投入、科普社会环境、科普活动效果和科普综合产出效果4个模块在内的科普效果评价指标体系；郝琴将京津冀、粤港澳大湾区、长三角、成渝4个区域作为评估对象，从科普经费、科普人员、科普设施、科普活动、科普传媒5个方面建立了区域科普资源评估体系。

然而，目前我国科普理论和实践中尚未形成统一的、权威的科普教育活动监测评估指标和方法。专门针对气象学科科普业务评估的研究更是少之又少。陈翀等曾对我国气象科普评估指标的现状进行了梳理，并从发展规划、科普成果、组织能力等方面尝试提出了我国气象科普评估指标体系。但该指标体系主要用于气象科普的宏观评估，在具体运用时还需进一步设计和完善。

综上可知，目前我国还没有明确提出较合理的气象科普业务评估指标，现有气象科普评估指标的设计比较粗糙宽泛，并没有形成制度化、系统化和标准化的评估指标体系，所以本研究可以说是一次创新性的尝试。

5.3 气象科普业务评估指标体系的构建

5.3.1 指标体系构建原则

气象科普业务评估指标体系是按照一定的标准，采用科学的方法，检查和评定其投入、产出的效率和效果，以确定气象科普工作成绩的管理方法。构建气象科普工作评估指标体系应当遵循以下6个原则：

全面性和独立性原则，即在保证指标全面的基础上，尽量不相互包含也不相互叠加。

客观性原则，即尽量避免主观评价，以定量为主、定性为辅。

易获取原则，即指标数据尽量容易收集。

精分性原则，即将各指标进行细分，达到较高的清晰度。

核心性原则，即指标紧紧围绕气象科普工作设定，充分体现气象科普工作的特色。

连续性原则，即研究过程在一定时间内保持一致、合理、稳定。

5.3.2 指标选取方法与依据

本研究对评估指标的选取方法主要有资料分析法、专家访谈法、工作分析法等。

资料分析法，即在大量阅读国内外相关文献的基础上，结合气象科普业务的实际情况，以此提炼出符合选题所需的评估指标。

专家访谈法，即选取气象科普行业管理层专家、基层应用者、科普理论专家等具有丰富实际经验的专业人员，采取头脑风暴、专题访谈等形式对指标进行讨论筛选。

工作分析法，即对气象科普业务的具体职责、工作内容、职业环境，以及完成工作任务所需的相关条件进行分析，掌握气象科普业务的工作性质、特点、规律及存在的问题，以提炼对气象科普业务具有重要意义和价值的指标。

在实际分析中，本研究指标选取的依据主要是当前的气象科普工作现状，尤其是存在的主要问题。因此，我们只选择其中对工作影响较大的代表性指标进行评估。此外，还参考了拉斯韦尔的传播5W模式，即传播的过程分为谁（Who）、通过什么渠道（in Which channel）、说什么（say What）、对谁（to Whom）、获得了什么效果（with What effect），该模式细分了传播的过程，对研究有重要意义。本研究使用传播学公式将指标分为3个部分：谁；通过什么渠道、做什么；对谁、获得了什么效果。鉴于此，我们主要选取了组织机构指标、科普业务指标和科普效果指标。组织机构指标侧重点在科普机构的自身能力，科普业务指标侧重点在气象科普工作的内容和渠道，科普效果指标侧重点在气象科普工作取得的效益（表5.1）。

表5.1　评估指标分类及其对应的传播过程

指标分类	对应的传播过程
组织机构	谁
科普业务	通过什么渠道、做什么
科普效果	对谁、获得了什么效果

5.3.3 指标体系的具体阐释

本指标面向各省（自治区、直辖市）气象部门，指标数量不宜过多或过少，太多会使评估工作烦琐，花费时间、精力过大，太少则难以反映科普的真实效果，因此20 ~ 30个比较合适。

依据上述原则与方法，尝试提出气象科普业务评估指标体系（表5.2）。其中，一级指标分为组织机构、科普业务、科普效果三类，下设10个二级指标，根据精分性原则，在二级指标的基础上，又下设28个三级指标。

组织机构和科普业务评价的是组织及服务者，科普效果评估的是公众。组织及服务者掌握的信息是公众等其他角度不具备的，审视组织机构和科普业务的有效性和合理性，是一个自我评估过程。公众是科普的直接服务对象，公众对科普效果的评价是最直接、最有效的。

表5.2　气象科普业务评估指标体系

一级指标	权重	二级指标	权重	三级指标	权重
组织机构 A_1	0.25	人员结构 B_1	0.40	学历情况 C_1	0.40
				在岗情况 C_2	0.40
				气象科普专家人数 C_3	0.10
				注册气象科普志愿者人数 C_4	0.10
		经费投入 B_2	0.40	经费规模 C_5	1.00
		科普业务机构设置 B_3	0.20	机构设置 C_6	1.00
科普业务 A_2	0.45	科普传媒 B_4	0.20	内容建设 C_7	0.70
				传播渠道 C_8	0.30
		科学教育 B_5	0.20	师资力量 C_9	0.40
				教辅材料 C_{10}	0.30
				校园科普成果 C_{11}	0.30
		科普活动 B_6	0.20	活动次数 C_{12}	0.40
				参与人次 C_{13}	0.60
		科普产品研发 B_7	0.20	研发种类 C_{14}	1
		科普场地 B_8	0.20	场馆数量 C_{15}	0.20
				场馆面积 C_{16}	0.30
				参观人次 C_{17}	0.50
科普效果 A_3	0.30	社会影响 B_9	0.30	社会知晓度 C_{18}	0.20
				总体满意度 C_{19}	0.30
				易懂性 C_{20}	0.30
				吸引力 C_{21}	0.20
		传播效果 B_{10}（气象科学知识普及率）	0.70	气象灾害预警知晓 C_{22}	0.25
				灾害性天气预警认知 C_{23}	0.10
				气候变化行动认知 C_{24}	0.25
				防雷知识认知 C_{25}	0.10
				气象信息实用性 C_{26}	0.10
				大风认知 C_{27}	0.10
				暴雨认知 C_{28}	0.10

（1）组织机构指标

组织机构是气象科普业务得以顺利开展的核心，直接影响科普工作的效益。结合目前气象部门的现状，将“组织机构”评估指标下设“人员结构”“经费投入”“科普业务机构设置”3个二级指标。其中,“人员结构”侧重评估科普人才队伍的规模、结构,“经费投入” 侧重评估经费的投入规模，“科普业务机构设置”明确是否有专门的气象科普业务机构。在这3个二级指标的基础上，下设“学历情况”等6个三级指标：“学历情况”反映了科普人员的素质，“在岗情况”反映了专职科普人员和兼职科普人员的数量，“气象科普专家人数”和“注册气象科普志愿者人数”反映了团队的力量，“经费规模”反映了对科普的支持程度，“机构设置”反映了组织机构的完善性。

（2）科普业务指标

气象科普业务主要是指气象部门根据国家科普事业发展的需要和自身业务职责的要求，在科学传播与普及方面所承担的具体任务、采取的具体行动、要完成的具体工作。气象科学传播有4种主要渠道：媒体传播、教育传播、活动传播、设施传播。媒体传播包括报纸、杂志、图书、广播、电影、电视、互联网等传播媒体。教育传播包括在校内外开展的气象科学教育。活动传播包括“世界气象日”“防灾减灾日”“气象科技下乡”等活动。设施传播是依托科普基础设施开展的科技传播与普及活动，包括气象科普教育基地、气象科普画廊等。同时，科普产品研发是科普内容的来源。科普内容和科普渠道共同组成了科普业务指标。

通过对全国气象科普业务的梳理，将“科普业务”下设5个二级指标，分别是“科普传媒”“科普教育”“科普活动”“科普产品研发”“科普场地”，分别从媒体传播、教育传播、活动传播、设施传播4个方面考察一个组织科普业务工作的整体水平，并将“科普产品研发”单独列出来。其中，“科普传媒”考察气象科学传播的内容及渠道建设情况，“科普教育”考察气象科普教育的能力和水平，“科普活动”考察气象科学知识普及活动的规模和受众情况，“科普产品研发”考察科普内容的丰富性，“科普场地”考察气象科学传播基础设施建设情况。在这5个二级指标的基础上，下设“内容建设”等11个三级指标（表5.2）。

（3）科普效果指标

科普工作可以被视为一个科技传播过程。这个过程以提高全民科学素质为目的，那么科普成效就应该以在科普过程中科普对象在接到科技信息后，经过选择、吸收、消化最终在思维、态度和行为等方面有了明显的变化发生为准。但是，科普效果又有其特殊性，既有明显的效果，又有潜在的效果。也就是说，科普对象在接受科技信息后，科普也许会明显地改变其思维、态度和行为，即产生明显的效果；也许科普的作用会潜藏在科普对象脑海中，经过不断积累、深化和发展，潜移默化地改变科普对象的思维、态度和行为，即产生潜在的效果。科普效果还有即时性效果和延时性效果之分。科普效果的特殊性决定了在评估科普效果时，应选取多元指标来评价科技信息传播的到达率、被接受程度、改变科普对象的程度。

如果条件允许，科普效果可以从受众参与科学传播过程前、参与中、参与结束，以及参与后一段时间进行评估，以比较科学传播过程对其产生的影响。如果条件有限，需要评估的方面较多，可以一次性评估科普效果。

据此，将“科普效果”指标下设“社会影响”“传播效果”两个二级指标，分别从科普工作影响力、科普对象受益程度两个方面考察一个组织的科普工作的整体成效。

“社会影响”指被社会公众知晓、认可的情况。“社会影响”指标下设“社会知晓度”“总体满意度”“易懂性”“吸引力”4个指标，分别考察科技信息传播的到达率、满意度、易懂性和吸引力。“社会影响”的评估可以通过问卷调查和访谈的方式获得。

“传播效果”指科普对公众产生的正面教育和影响，考察科技信息传播的被接受程度。分别通过气象灾害预警知晓、灾害性天气预警认知、气候变化行动认知、防雷知识认知、气象信息实用性、大风认知、暴雨认知等方面来考察。“传播效果”的评估可以通过问卷调查获得。

5.4 评估方法的确定

在借鉴西方发达国家关于科普评估方法选定原则的基础上，充分考虑目前我国气象科普工作的实际情况，本研究采取经验选择与专家咨询相结合的方式来确定相应的评估方法，尽量确保指标体系具有公正性和可观性。本研究使用德尔菲法等来确定各项目的权重，即选取一定数量的专家，进行咨询、投票，根据专家意见，选取多数专家赞同的权重作为指标的最终权重。

5.4.1 定量分析与定性分析有机结合

定量分析是通过科学的方式方法，对某个对象进行客观分析，得出的结论比较有说服力。但对于气象科普工作而言，还存在许多不可量化的主观性指标。对于这些主观性指标，如科普业务指标中的科普媒体的内容建设和传播渠道，科技教育的师资力量和教辅材料等，需通过专家访谈评分等方式进行定性分析。因此，定量分析与定性分析的有机结合是一套完整的理论体系，是规范、科学和有目的的评定活动，是一种最优选择。

本评估设计了2套“现代化气象科普业务评估调查问卷”（详见本章附录），一套针对气象部门内部机构，另一套针对社会公众。针对气象部门内部机构的问卷调查，有助于了解气象科普工作的现状，分析气象科普工作的趋势，进一步指导气象科普未来的工作，起到反映现状、示范引领的作用。针对社会公众的问卷调查，有助于反映气象科普的效果，评价开展气象科普工作的质量，体现气象科普工作的意义和价值，起到了解受众的作用。两者相互补充，使评估体系更加具备可操作性和科学性，以便进一步明确气象科普工作未来的发展方向，最终为推动气象现代化体系建设，实现气象事业高质量发展贡献科普力量。

2015年，受中国气象局办公室委托，中国气象局气象宣传与科普中心开始针对气象科学知识普及率评估指标进行研究，第一次构建了一个可以用于气象科学知识普及程度评估的指标。该指标实施6年来，已在气象科学知识普及相关业务及公众服务应用中发挥了重要作用，其可操作性等得到了很好的验证。将气象科学知识普及率指标纳入“现代化气象科普业务评估指标”体系，可从受众的角度丰富评估指标、提升指标的全面性。由于面对受众的调查难度大，需要保证样本数量和进行科学抽样，时间成本和经济成本较高。因此，气象科学知识普及率存在题目太少、反映问题不全面的缺点。现代化气象科普评估指标增加了对气象部门的调查，指标获取难度降低，题目数量增加。两者相互补充，可以更全面地反映气象科普工作的现状。

5.4.2 各项评价指标权重的确定

在多项指标构成的评估体系中，因事物本身发展的不平衡，各种指标的重要程度各不相同。各个指标的权重能反映评估指标对某项评价结果的贡献程度，权重的确定取决于指标所反映的评价内容的重要性和指标本身信息的可依赖程度。用德尔菲法确定指标权重，是根据指标对评估结果的影响程度，由相关专家结合自身经验和分析判断来确定指标权数，通常采用专家调查问卷的形式，对回收的问卷进行统计分类得出运算结果，将运算结果再次征求专家意见，最后确定出各指标的权重。

5.4.3 评估模型的建立

本研究的评估模型采用多目标线性加权函数法，通过建模分析，对气象科普工作进行层层评价。评价的结果取值范围为0～10，隶属一定的分值区间。气象科普工作评估模型如下：

$$S=\sum_{h=1}^{p}\left[\sum_{j=1}^{m}\left(\sum_{i=1}^{n}C_iW_i\right)\cdot B_j\right]\cdot A_h$$

式中：S 为气象科普业务评估总得分；C_i 为第 i 个三级指标的分值；W_i 为第 i 个三级指标在该指标层的权重；B_j 为第 j 个二级指标在该指标层的权重；A_h 为第 h 个一级指标在该指标层的权重；p 为一级指标个数，本模型取3个；m 为二级指标个数，本模型取10个；n 为三级指标个数，本模型取28个。

其中，各个指标赋值采用模糊数学记分制的方式，确定气象科普业务各项指标的得分，各个指标的分值经过标准化处理，均在0～10分范围内，根据具体情况合理划分得分区间。定量评估指标按照隶属度打分，评估分值落在某分值区间内就令其隶属度为1，对其他分值区间的隶属度都为0，同时根据该分值区间的范围赋予相应分值。而对于定性指标，通过调查问卷处理，计算得出各项指标得分。

5.5 关于气象科普评估的思考与建议

本研究尝试建立了一套气象科普工作评估指标体系。由于可供参考和借鉴的相关内容较少，本研究提出的评估指标更大程度上是一种探索，难免会有不足和缺憾，例如各个指标权重的合理性、评估方法的选取等，还需要进一步改进和完善。通过研究，笔者对气象科普工作评估还有以下认识和思考。

5.5.1 要充分认识气象科普工作评估的重要性

近年来，科普工作越来越受到党和政府的高度重视，其效率、效益、影响等方面的评估已经成为公众理解科学技术创新共同体的重要内容之一。在科普评估的大背景下，气象科普评估虽然已经逐步进入研究人员的视野，但目前关于气象科普评估既没有统一的定式，也没有成熟的模型，尚处于探索期。因此迫切需要营造良好社会环境，促进气象科普评估研究快速发展。

5.5.2 建立科学合理的气象科普业务评估程序

任何评估都需要一个科学合理的推进步骤，气象科普业务评估也不例外。评估工作要严格按照步骤和计划有序推进。在具体评估过程中，要排除外界干扰，保证气象科普评估专家的独立性和自主性；要尽可能收集最全面、最可靠的评估信息，防止遗漏和偏差，保证评估的客观性和科学性；还要尽可能选择合理的评估方法，对初步评估结果进行检验和修正后再予以公布。

5.5.3 积极探索“第三方”视角的气象科普评估方式

转变思路，主动把政府在气象科普评估体系中的角色从“运动员、教练员和裁判员”向“教练员和裁判员”转变。将部分评价职能向科技团体和社会中介机构转移，充分发挥第三方评估的客观、专业等特点，规避内容评估的风险，弥补内容评估的缺陷和不足。

5.5.4 及时反馈气象科普工作评估结果

及时反馈是科普评估工作的重要一环。气象科普业务评估的目的不仅仅在于评估，更要加强科学管理和指导来促进科普业务的健康发展。因此，评估结果形成后要及时进行反馈，查找成绩和问题，分析原因，提出改进的方案和对策。

总之，制度化的气象科普工作评估对确保我国气象科普事业的未来发展意义重大，应作为现阶段气象科普工作的一个重点内容。引进这一制度，需要气象科普研究者就评估的政策规范、组织管理方法、评估标准与指标框架等进行深入细致的研究，再通过职能部门的支持，建立专门的气象科普评估领导小组来负责该项制度的贯彻执行。气象科普工作评估势在必行，如能真正落实，必将促进气象科普工作绩效的提升，加快气象科普组织的成长，开创我国气象科普事业的崭新局面。

本章内容来源于2016年中国气象局软科学研究重点项目“国家级现代化气象科普业务评估指标研究及其省级试点”（[2016]D11）研究成果，并根据最新信息进行了补充完善。

附录 现代化气象科普业务评估调查问卷

一、问卷一（气象部门内部机构填写）

（一）科普人员

指标名称	计量单位	数量
一、科普专职人员	人	
其中：中级职称及以上或本科及以上学历人员	人	
管理人员	人	
气象科普创作人员	人	
气象科普讲解人员	人	
二、兼职科普人员	人	
其中：中级职称及以上或本科及以上学历人员	人	
气象科普创作人员	人	
气象科普讲解人员	人	
三、气象科普专家	人	
四、注册气象科普志愿者	人	

（二）科普经费

指标名称	计量单位	数量
科普经费	万元	

（三）科普业务机构设置

评估指标	问题
气象科普业务机构设置	是否有气象科普业务机构设置？ （1）是　　（2）否

（四）科普传媒

指标名称	计量单位	数量
一、科普图书	—	—
图书出版种数	种	
图书发行总册数	册	
二、科普期刊	—	—
期刊出版种数	种	
期刊发行总册数	册	
三、科普音像制品	—	—
音像制品出版种数	种	
音像制品发行总量	张/盒	
四、科技类报纸	—	—
科技类报纸发行总份数	份	
五、电视台、电台	—	—
电视台播出科普（技）节目时间	小时	
电台播出科普（技）节目时间	小时	
六、新媒体科普	—	—
开发视频类科普产品数	个	
开发漫画图解类科普产品数	个	
开发微网页、小程序类科普产品数	个	
七、其他	—	—
开发科普展品展项数量	个	
开发科普文创产品数量	种	
发放科普读物和资料	份	
电子科普屏数量	块	

续表

指标名称	计量单位	数量
八、科普类网站	—	—
数量	个	
访问量	次	
九、科普类微博	—	—
创办数量	个	
发文量	篇	
阅读量	次	
十、科普类微信公众号	—	—
创办数量	个	
发文量	篇	
阅读量	次	
十一、其他科普自媒体账号	—	—
创办数量	个	
发文量	篇	
阅读量	次	

科普教育

指标名称	计量单位	数量
一、气象科普（技）课程	—	—
学龄前课程	节	
小学低年级（1—4）课程	节	
小学高年级（5—6）课程	节	
初中课程	节	
高中课程	节	
公众普及课程	个	

续表

指标名称	计量单位	数量
二、气象科普（技）教具	—	—
自主研发教具	个	
校园气象科普图书	本（套）	
教具使用人次	人次	
三、校园气象科普建设	—	—
科普（技）课程应用到学校	所	
授课总时长	小时	
参加学生人数	人	
四、校园气象科普（技）培养	—	—
辅导发表校园科普小论文	篇	
辅导发表校园科普摄影作品	个	
辅导校园气象志愿者	个	
辅导校园气象科普创客	个	
五、校园气象科普教育培训交流	—	—
组织与学校或相关教育单位交流	次	
组织学校教师气象科普培训	次	
合作开展项目建设	项	
六、青少年气象科普	—	—
1.成立青少年科技兴趣小组	—	—
个数	个	
参加人次	人次	
2.科技夏（冬）令营研学	—	—
举办次数	次	
参加人次	人次	

科普活动

指标名称	计量单位	数量
一、气象科普（技）讲座	—	—
举办次数	次	
参加人次	人次	
二、气象科普（技）展览	—	—
专题展览次数	次	
参观人次	人次	
三、气象科普（技）评选	—	—
举办次数	次	
参加人次	人次	
四、科普国际交流	—	—
举办次数	次	
参加人次	人次	
五、科技活动周	—	—
科普专题活动次数	次	
参加人次	人次	
六、大学、科研机构向社会开放	—	—
开放单位个数	个	
参观人次	人次	
七、实用技术培训	—	—
举办次数	次	
参加人次	人次	
八、重大科普活动	—	—
举办次数	次	
参加人次	人次	

科普场地

指标名称	计量单位	数量
一、科普场馆	—	—
1. 气象科技馆	个	
建筑面积	平方米	
展厅面积	平方米	
参观人次	人次	
常设展品	件	
年累计免费开放天数	天	
门票收入	万元	
2. 气象博物馆	个	
建筑面积	平方米	
展厅面积	平方米	
参观人次	人次	
常设展品	件	
年累计免费开放天数	天	
门票收入	万元	
3. 气象科普展厅	个	
建筑面积	平方米	
展厅面积	平方米	
参观人次	人次	
常设展品	件	
年累计免费开放天数	天	
二、非场馆类科普基地	—	—
1. 个数	个	
2. 科普展厅（馆）面积	平方米	
3. 当年参观人次	人次	

续表

指标名称	计量单位	数量
三、公共场所科普宣传设施	—	—
1. 城市社区科普（技）专用活动室	个	
2. 农村科普（技）活动场地	个	
3. 科普宣传专用车	辆	
4. 科普画廊	个	
四、科普基地	—	—
1. 国家级科普基地	个	
其中：享受过税收优惠的基地	个	
参观人次	人次	
2. 省级科普基地	个	
其中：享受过税收优惠的基地	个	
参观人次	人次	

二、问卷二（公众填写）

评估指标	问题
传播效果	
气象灾害预警知晓	您知道除了日常的天气预报外，气象部门会发布“气象灾害预警信息”吗？ （1）知道　　（2）不知道
灾害性天气预警认知	您了解气象灾害预警信号的含义及相应防御措施吗？ （1）了解　　（2）比较了解　（3）一般 （4）不太了解　（5）不了解　（6）说不清
防雷知识认知	“雷雨天可以在大树下避雨”，这个说法是否正确？ （1）正确　　（2）错误
大风认知	遇到大风，可以在广告牌下面行走。 （1）正确　　（2）错误
暴雨认知	暴雨来袭，预报有“滑坡、泥石流”危险，可以去山区玩耍。 （1）正确　　（2）错误
城市内涝认知	城市积水很深，开车比较安全。 （1）正确　　（2）错误
气候变化行动认知	“少开车，多坐公交或骑自行车有助于减缓气候变暖”，这个说法是否正确？ （1）正确　　（2）错误
气象信息实用性	您感觉气象服务信息对您的生活、工作有用吗？ （1）有用　　（2）比较有用　（3）一般 （4）不太有用　（5）没用　（6）说不清
社会影响	
知晓度	您知道气象部门的科普活动/公众号/科普馆吗？ （1）知道　　（2）不知道
认可度	您对气象部门的科普活动/公众号/科普馆满意吗？ （1）满意　　（2）比较满意　（3）一般 （4）不太满意　（5）不满意　（6）说不清
认可度	您会继续关注气象部门的科普活动/公众号/科普馆吗？ （1）会　　（2）不会
易懂性	你能看懂气象部门发布的科普内容吗？ （1）能　　（2）不能
吸引力	你认为气象部门发布的科普内容有吸引力吗？ （1）有　　（2）没有

第 6 章

科研院所科普效果评价指标与方法

科普工作是一个复杂的社会工程，科普活动的组织、开展、方式以及涉及的范围很广，导致科普评价的复杂性和高难度性。科研院所作为科学家和工程技术人员最大的集合体，研究和探索其科普效果评价指标与方法，对其他部门和组织开展科普工作效果评价具有非常重要的先导性作用和参考价值。本章内容在上一章普适性定量评价气象科普工作的基础上，尝试建立一套衡量科研院所科普效果的评价指标，为科研院所科普工作的规划、开展和发展明确方向、目标和重点，并进一步明确科研院所科普评价的分项实施方案。

6.1 开展科研院所科普效果评价的必要性

在2016年召开的“科技三会”上，习近平总书记指出：“科技创新、科学普及是实现创新发展的两翼，要把科学普及放在与科技创新同等重要的位置。”同时，“希望广大科技工作者以提高全民科学素质为己任，把普及科学知识、弘扬科学精神、传播科学思想、倡导科学方法作为义不容辞的责任，在全社会推动形成讲科学、爱科学、学科学和用科学的良好氛围，使蕴藏在亿万人民中间的创新智慧充分释放、创新力量充分涌流。”科研院所是科技工作者的“大本营”，在作为我国科技创新主力军的同时也理应成为科学普及的第一线。科研院所科普工作的提升和加强有助于广大科技工作者“把论文写在祖国的大地上，把科技成果应用在实现现代化的伟大事业中”。

经过多年的不断探索和努力，我国科研院所科普工作已经取得了很大的进步，但目前来说，大部分科普工作缺乏对科普效果的监测、评估，不能及时准确地了解科普效果，以及科普形式、手段、内容的实践情况，也就无法对科普理念、政策机制进行适时调整，科普功效就难以得到充分发挥。因此，科研院所科普效果评价对促进科普手段现代化、加强科普管理、提高科普质量有重要作用。科普效果评价既是一种压力，也是一种动力，可有效促进各项科普工作的有序开展。

通过文献调研发现，现有研究多是关于科研院所人才、项目等评价的研究，针对科研院所科普效果评估方法与指标的研究较少。如莫扬等基于中国科学院科研院所进行了科技人才的科普能力调查研究，提出要改进科技人员考评、科研项目管理等方面的制度建设。廖文国等从人力财务资源、业绩成果、发展后劲和财务管理等方面提出了科研院所综合评价指标体系和评价方法，但指标中与科普有关的仅有科研成果转化率，其他几乎不涉及。乔卿在科研院所科技创新人才特征分析的基础上，设计出科研院所科技人才综合评价指标体系，但同样也仅有“推广应用取得的经济和社会效益”这一个三级指标与科普有关联。

中国气象科学研究院是气象部门最大的专业研究团体，对其气象科普工作情况进行分析，并从中提取适合科研院所科普效果评价的指标和方法，具有重要的借鉴意义。本章以中国气象科学研究院为例，分析其近年来气象科普工作的开展情况、成绩、效果及科技人员从事科普工作遇到的困难，在综合考虑理论和客观事实的基础上，初步提取适用于科研院所科普效果的评价指标。

6.2 中国气象科学研究院科普工作开展情况

中国气象科学研究院突出创新驱动发展，大力提升科技创新能力，在积极发挥科技引领作用、着力推动气象现代化建设的同时，积极开展气象科学普及工作，在“加强防灾减灾体系建设，提高气象、地质、地震灾害防御能力”“积极应对全球气候变化”“普及科学知识，弘扬科学精神，提高全民科学素质”等方面发挥积极的作用。

一是打造气象专家科普队伍，开展科普报告会、宣讲会，在中央电视台、气象频道等公众传媒上或大型活动中传播气象科学知识。二是加强气象科普基础设施建设，结合特有的大气化学重点开放实验室和大气成分移动观测车，接待党和国家领导人、部门领导、国内外学者、大中小学生等参观访问，向公众普及大气成分、大气污染物及观测等方面的科学知识。三是结合主要研究领域和特色研究方向，强化科技成果科普化创作，制作主题科普产品，并在世界气象日、防灾减灾日、全国科技周和全国科普日等大型科普活动中广泛应用，大力宣传气象科研事业进展和成果。四是结合新时期的特点，开通微博、微信等新媒体平台，专人负责维护和更新，与公众共享信息、在线互动。

结合中国气象科学研究院气象科普工作，总结出科研院所科普工作主要有以下特点：充分利用专家资源，多渠道、多方式向公众传播气象科普知识；充分利用专业设备资源开展科普活动；充分利用前沿和尖端科研资源，研发具有趣味性、通俗性、科学性的高端科普产品；利用网络新媒体平台，共享其专家、科研专业设备、科研资源，与公众共享信息、在线互动；充分利用气象部门业务与科研相结合的特点，推动科研成果的业务化和专利化。

6.3 科研院所科普效果评价的目的和原则

6.3.1 科研院所科普效果评价的目的

一是增强科研工作者的科普责任感。通过科普效果评价及时了解科普效果、看到科普成绩，提高科研人员成就感，增强其责任感，提高其参与科普工作的积极性。

二是加强科研院所科普工作管理，提高科普质量。通过科普效果评价及时了解科普工作在策划、组织、实施过程中遇到的问题，有效地对科普工作进行检查评估，改进科普工作，进而提高科普质量，达到预期的科普效果。

三是推动科研资源的科普化。通过科普效果评价工作的引导，可以让更多的科研资源，尤其是与国计民生和广大人民关注的热点问题相关的高端、前沿研究成果在第一时间、更大范围内传播，对于吸引更多的力量来进行科研成果转化具有重要意义。

6.3.2 科普效果评价指标体系的设计原则

“三效统一、综合评价”的基本理念设计是绩效审计、评估的最新理念。“三效”即“效果、效率、效益”，“三效统一、综合评价”也就是说科普效果要好，科普效率要高，且科普投入和产出比要合理。根据“三效统一、综合评价”的理念，结合中国气象科学研究院近年来的气象科普工作及成效，科普效果评价指标基本要素的选取遵循以下原则：

可获得性，即指标数据可收集，以现有的统计数据为基础，评价指标的设计与统计指标有一定的关联性，才具有可操作性。

代表性，即评价指标要素不仅能够反映本地科研院所科普效果情况，也能够适用于其他区域科研院所科普效果状况。

稳定性，即科普效果的显现是一个长期积累的过程，评价指标要素的选取要具有一定的稳定性，能够反映科研院所长期的科普发展情况。

适用性，即评价指标体系能够有效地反映不同性质、不同学科的科研院所科普效果。

可比性，即评价指标体系既能实现本地科研院所科普效果在不同时间上的对比，又能实现不同科研院所科普效果在不同区域上的对比。

6.4 科研院所科普评价指标体系的构建

科普效果评估是对各类科普工作所取得的成效及其影响进行的测

度。根据科研院所科普工作特点，归纳其科普效果评价要素包含科普宣讲报道、科研实验室开放、科普产品创作、科普信息化。结合科研院所科普效果评价的目的和原则，尝试提出了科研院所科普效果评价指标体系（表6.1）。一级指标分为科普宣讲报道、科研实验室开放、科普产品、科普信息化、获奖情况5类，下设9个二级指标，在二级指标的基础上，又下设20个三级指标。

表6.1 科研院所科普效果评估指标体系

一级指标	权重	二级指标	权重	三级指标	权重
科普宣讲报道 A_1	0.25	科普讲座 B_1	0.50	内容吸引力 C_1	0.35
				形式互动性 C_2	0.40
				受众人数 C_3	0.25
		媒体采访 B_2	0.50	采访人次 C_4	0.40
				播出、见报（刊）量 C_5	0.60
科研实验室开放 A_2	0.15	实验室开放 B_3	1.00	开放次数 C_6	0.45
				参观人次 C_7	0.55
科普产品 A_3	0.25	原创科普产品 B_4	0.60	图书种类 C_8	0.50
				文章数量 C_9	0.50
		集成科普作品 B_5	0.40	图书种类 C_{10}	0.35
				文章数量 C_{11}	0.35
				展品和展项 C_{12}	0.30
科普信息化 A_4	0.20	科普频道 B_6	0.45	更新频度 C_{13}	0.45
				访问量 C_{14}	0.55
		新媒体 B_7	0.55	粉丝（关注）数 C_{15}	0.45
				传播力 C_{16}	0.55
获奖情况 A_5	0.15	部门内获奖 B_8	0.40	获奖等级 C_{17}	0.55
				获奖人次 C_{18}	0.45
		部门外获奖 B_9	0.60	获奖等级 C_{19}	0.55
				获奖人次 C_{20}	0.45

6.5 评估方法的确定

本研究采用定量与定性结合分析、德尔菲法等来确定相应的评估方法。

根据指标对评估结果的影响程度，由相关专家结合自身经验和分析判断来确定指标权数，具体办法是通过聘请多位科普领域和气象领域的专家学者，采用现场讨论和发放调查问卷的形式，对各分项指标进行权重设定，结果再次征求专家意见，经过多次反复征求意见、讨论和修正后确定。

科研院所科普效果综合指标就等于上述各指标线性加权求和。评估模型如下：

$$S=\sum_{h=1}^{p}\left[\sum_{j=1}^{m}\left(\sum_{i=1}^{n}C_iW_i\right)\cdot B_j\right]\cdot A_h$$

式中：S 为科研院所科普效果评价总得分；C_i 为第 i 个三级指标的分值；W_i 为第 i 个三级指标在该指标层的权重；B_j 为第 j 个二级指标在该指标层的权重；A_h 为第 h 个一级指标在该指标层的权重；p 为一级指标个数；m 为二级指标个数；n 为三级指标个数。

6.6 组织实施方案

6.6.1 实施原则

一是先行试点、稳步推进的原则。选择具备条件的地方、部门和行业先行试点，试点单位根据自身情况，各有侧重进行试点，取得经验后逐步推广。二是以政府为主导、专业评价机构为主体协同推进的原则。参加试点的各级科技行政部门要切实转变政府职能，主要依托专业评价机构开展科普效果评价，并积极给予指导和支持。三是以需求为导向、完善评价服务体系的原则。主要针对科技成果科普转化需求和政府管理决策需求，构建科普效果评价服务体系，提高服务能力和水平。

6.6.2 实施安排

第一步，遴选专业评价机构，开展科研院所科普成效评价。根据从事科普成果评价工作经历、业绩和现有条件等，遴选符合条件的评价机构开展科技成果评价工作。科普评价应遵循“三个独立”的原则：机构独立，与科研院所没有行政隶属关系和经济关系；评价过程独立，专家评价不受干预；独立承担责任，第三方科技评价机构要对其评价的结果独立承担法律责任。

第二步，实施科普效果评价，完善评价指标体系。由专业评价机构针对评估指标体系设计中的一级指标分项评价。各个指标赋值采用模糊数学记分制的方式，确定科普效果各项指标的得分，各个指标的分值经过标准化处理，均在0～10分范围内，根据具体情况合理划分得分区间。定量评估指标按照隶属度打分，评估分值落在某分值区间内就令其隶属度为1，其他分值区间的隶属度都为0，同时根据该分值区间的范围赋予相应的分值。而对于定性指标，通过调查问卷处理，计算得出各项指标得分。

第三步，根据评价模型，各指标线性加权求和，最终形成综合科普效果评价得分。

第四步，评价机构将评价结果反馈给评价对象。如对评价结果有异议的，可向评价小组申请复议，评价小组作出复议意见并通知评价对象。

6.6.3 实施措施

一是加强对科普效果评价工作的实时指导。科普工作的管理部门或业务指导部门要根据本行业、本部门的实际情况，加强对科普效果评价工作的指导和支持，营造有利于科学开展科普工作及科普效果评价工作的良好氛围，推进科普效果评价的专业化、规范化。

二是逐步建立能够适应对科研院所及相关有科普职能单位开展科普评价的专业团队。既能组织制定完善的科普效果分类评价指标体系，又能通过科普效果评价工作的开展建立科学的科普效果评价办法，以进一步推动科普工作的开展。

三是强化科普效果评价成果转化。要积极探索科普效果评价与应用转化相结合的有效模式，为现行的科普工作提供支撑。把评价中发现的可复制、可推广、有市场潜力的科普成果及时向社会推介，培育新的增长点。对于评价中发现的科普短板，给出科学客观的分析，把该补的短板补上，把脱离实际、没有价值的科普供给取缔，以真实有效的评价推动科普工作务实推进。

6.7 关于科研院所科普效果评价的思考与建议

通过研究，笔者对科研院所科普效果评价未来发展方向有以下的思考和建议。

6.7.1 加强对科研院所科普效果评价导向的引导

尽管科研院所的主要职责是科研和教学，但科学家和科研人员做科普同样有重要意义，把科研和科普的关系处理好、协调好，两者可相互促进、相互激发。因此，对于科研院所科普效果的评价应以促进、激励科研院所科普产出为导向，真正吸引科学家做科普。

6.7.2 加强对科研院所科普效果的监测

科普是普及学科技术、提高技能、增长知识的必要手段，普及的效果如何，需要有大量科学、准确的数据来证实。通过加强和完善科研院所科普效果的监测，获得稳定、大量、准确的科学数据，科普效果评价指标才具有可操作性，才更具有实践意义。

6.7.3 建立科学合理的科研院所科普效果评价机制

在逐步构建完善科研院所科普效果评价体系的同时，要逐步建立科学合理的科研院所科普效果评价机制。评价工作要严格按照步骤和计划有序推进。在具体评估过程中，要排除外界干扰，保证科普效果评价的客观性和科学性。强化评价的可操作性，使评价方式更加科学、评价结果更具有可参考性，对引领科普事业发展具有重要的理论和现实意义。

6.7.4 加强科研院所科普效果评价理论和方法研究

目前对科研院所科普效果评价的研究仍然较少，且研究主要涉及定性方面，少有定量的研究。现有的科研院所科普效果评价指标体系还没有统一的定式，没有成熟的模型，尚处于探索期，且主要停留在理论阶段，较少分析实践应用。随着社会公众对科普需求的变化发展趋势，科研院所的科普工作将更加系统化、多样化、层次化，加强科普效果评价的研究，是非常有意义且十分紧迫的事情。

本章内容来源于2016年中国科协项目“科研院所科普效果评价指标与方法研究——以中国气象科学研究院为例”研究成果，并根据最新信息进行了补充完善。

第 7 章
新时代对气象科普的新需求

在中国特色社会主义进入新时代的新历史方位下，气象服务保障国家重大战略实施任务越来越重要。新时代的气象科普工作如何对标国家重大战略气象服务保障新需求，更好地贯彻落实党的十九大报告提出的“弘扬科学精神，普及科学知识”新要求，是一系列非常值得思考和探讨的问题。本章立足于气象服务生态文明建设、国家综合防灾减灾救灾、乡村振兴和精准扶贫等国家重大战略的大背景，重点分析气象科普工作如何在新时代适应国家的新需求，发挥好自身作用，提升气象服务效益和公民气象科学素质。

7.1 气象科普保障国家战略实施的必要性

党的十九大报告高举中国特色社会主义伟大旗帜，高瞻远瞩、继往开来，是指引中国特色社会主义事业迈进新时代、开启新征程、续写新篇章的总纲领、总部署、总动员。习近平总书记代表新一届中共中央政治局常委发出“新时代要有新气象，更要有新作为”的政治宣言。

党的十九大报告要求，要树立安全发展理念，弘扬生命至上、安全第一的思想，健全公共安全体系，完善安全生产责任制，坚决遏制重特大安全事故，提升防灾减灾救灾能力。要有效维护国家安全。要坚持全民共治、源头防治，持续实施大气污染防治行动，打赢蓝天保卫战。要坚持环境友好，合作应对气候变化，保护好人类赖以生存的地球家园。

党的十九大报告指出，要弘扬科学精神，普及科学知识，开展移风易俗、弘扬时代新风行动，抵制腐朽落后文化侵蚀。这为新时代的气象科普事业指明了方向。站在时代发展和战略全局高度，新时代的气象科普工作应当认清形势、把握方向、围绕中心、服务大局，紧紧围绕党和国家发展大局，聚焦国家战略发展方向，保障国家重大战略落到实处。中共中国气象局党组要求，要以创新思维谋划推进各项工作，进一步增强推动气象改革创新发展的行动自觉，以更高水平、更高质量、更高效益、更可持续的气象现代化建设实践切实贯彻落实党中央的各项部署。

在中国特色社会主义进入新时代的关键时期，亟须探索气象科普工作应如何回应新时代的需求，如何对标国家重大战略气象服务保障工作的需求，以贯彻落实党的十九大报告提出的“弘扬科学精神，普及科学知识”的要求。然而，目前关于气象科普工作如何贯彻落实党的十九大报告要求、保障国家重大战略实施的系统性研究还较为缺乏。本章将聚焦生态文明建设、国家综合防灾减灾救灾、乡村振兴和精准扶贫等国家战略，探讨气象科普工作在气象服务保障国家重大战略实施中的必要性，分析新时代对气象科普工作的新要求，并提出未来气象科普可持续发展的建议和对策。

7.1.1 服务生态文明建设

近年来，生态矛盾引发的社会矛盾时常凸显，将生态文明建设提高到前所未有的战略高度。党的十八大以来，以习近平同志为核心的党中央围绕生态文明建设提出了一系列新理念、新论断、新要求，开展了一系列根本性、开创性、长远性工作。党的十九大报告提出了“建成富强民主文明和谐美丽的社会主义现代化强国”的宏伟蓝图，首次将“美丽”作为新时代中国特色社会主义现代化的重要目标，赋予了新时代中国特色社会主义现代化新的内涵。2018年5月召开的全国生态环境保护大会确立了习近平生态文明思想，同时明确了加快构建生态文明体系的具体行动路线图，确保到2035年基本实现美丽中国，到21世纪中叶建成美丽中国，把生态文明建设提到了一个新的高度。

生态文明建设离不开全民生态素质的提升。然而，前人对我国生态科普教育满意度的调查结果表明，公众整体满意度仅为25.9%，当前的生态科普教育并不能满足公众日益增长的生态素质提升需求。事实上，在生态文明的科普教育方面，我国的体系建设仍然不完整，存在政府重视不够、内容不接地气、缺乏地域特色、平台更新不及时、不能及时对公众关注的生态热点进行回复、缺乏创新等一系列问题。因此，开展生态文明科普工作，着力提升公众生态素质，是新时代气象科普工作的重要组成部分。

7.1.2 服务国家综合防灾减灾救灾

我国是世界上自然灾害最严重的国家之一，气象灾害占各类自然灾害的70%以上（图7.1）。在全球气候变暖的背景下，各类自然灾害交织发生、影响叠加，更加剧了防灾减灾救灾工作的复杂性与艰巨性。

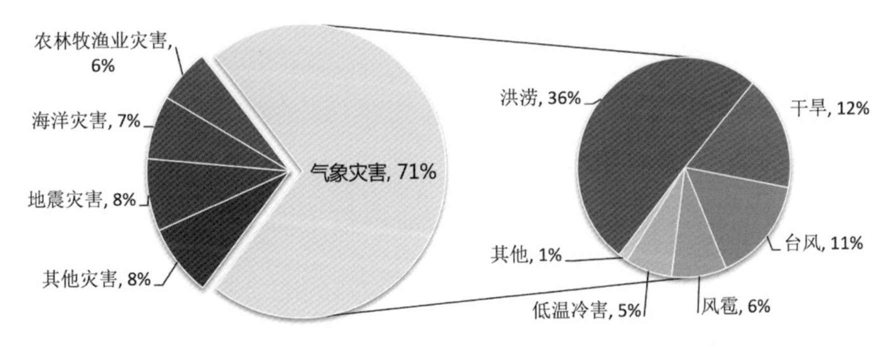

图7.1 不同种类自然灾害所占比例（制图：王晓凡）

吴先华等的研究指出，气象灾害造成损失的大小，不仅取决于灾害的强度，更重要的是取决于灾民的防灾减灾意识及采取的行为。受灾公众是灾害事件的行为主体，其参与程度对于防灾减灾效果具有关键作用。首先，公众越了解气象灾害安全防御知识，采取防范措施应对气象灾害风险的可能性越大。气象灾害发生时，部分公众即使知道即将发生灾害，但如果缺乏相关安全防御知识，也不能采取有效应对措施。其次，公众对气象灾害预警播报用语的理解程度越高，则越倾向采取措施应对气象灾害风险。如果公众对气象灾害预警播报用语不理解，甚至产生误解，则有可能忽略气象灾害信息，进而不采取应对措施导致遭受严重损失。再次，公众对气象服务越满意，则更加倾向采取措施应对气象灾害风险。公众对气象部门工作越认可，就越相信气象预报预警信息，防灾态度就越积极。

气象科普作为公共气象服务工作的有机组成部分，其工作质量和效果直接影响公众对气象灾害安全防御知识的了解程度、对气象灾害预警播报用语的理解程度和气象服务满意度。因此，提高全社会气象防灾减灾救灾能力，必须大力加强气象科普工作。

国际社会也高度重视科学普及对防灾减灾救灾工作的重要性。2015年3月，第三次联合国世界减少灾害风险大会通过了《2015—2030年仙台减少灾害风险框架》，提出减少灾害风险的4个优先领域，其中第一个领域就是“理解灾害风险”，并提出国家和地方各级必须“通过宣传运动、社会媒体和社区动员，同时考虑到特定受众及其需要，促进国家战略建设，以加强减少灾害风险方面的公共教育和认识，包括宣传灾害风险信息和知识”，实现理解灾害风险的目标。

7.1.3 服务脱贫攻坚和乡村振兴战略

我国是一个农业大国，农业主要是在自然条件下进行的生产活动，农作物生长对天气和气候条件有着极高的敏感度，所以农业是最容易受到气象灾害影响的产业之一。诸如干旱、洪涝、霜冻、冰雹等气象灾害的发生往往对农业生产造成不同程度的损失，而近年来气候变化加剧也增加了农业生产的不稳定性。在此背景下，开展气象为农服务，充分应用气象科学技术科学应对气象灾害、合理利用气候资源就成为保障农民生命财产安全、促进农业生产增收和农村经济发展的关键举措。

一直以来，“三农”问题都是党和政府以及社会关注的焦点问题。党的十九大报告中明确提出，要“实施乡村振兴战略”“坚决打赢脱贫攻坚战”“要动员全党全国全社会力量，坚持精准扶贫、精准脱贫”。《中共中央 国务院关于实施乡村振兴战略的意见》提出“提升气象为农服务能力”“加强农村防灾减灾救灾能力建设”的要求。随后印发的《乡村振兴战略规划（2018—2022年）》中明确指出要“发展智慧气象，提升气象为农服务能力”，在加强农村防灾减灾救灾能力建设方面，要“坚持以防为主、防抗救相结合，坚持常态减灾与非常态救灾相统一，全面提高抵御各类灾害综合防范能力”“在农村广泛开展防灾减灾宣传教育”。2018年11月，中国气象局党组出台了《中共中国气象局党组关于贯彻落实乡村振兴战略的意见》，指出要“坚持趋利和避害并举，加快构建现代气象为农服务体系，切实提高气象服务农业综合生产、农村综合防灾减灾救灾、农村生态文明和精准扶贫的现代化水平”。

当前，广大农民群众对于气象科学知识的认知程度还普遍不高，缺乏结合气象信息合理安排农业生产的能力，因此亟须在农村深入推进气象科普工作，普及农业气象科学知识，指导广大农民利用气象科技增产增收，科学合理地应对气象灾害。此外，气象为农服务工作通常蕴含着复杂的气象科学原理和技术手段，实践过程中也存在一定的不确定性。如何能让领导干部、种粮大户以及普通农民对这些工作的重要性、科技性、取得的效果和存在的困难有比较直观、深刻的理解，对更好地开展气象为农服务工作也具有重要意义。因此，在气象为农服务中，往往首先需要气象科普发挥其不可替代的先导性作用。新时期的农村气象科普承载着历史使命，对于促进农村经济社会发展、助推国家重大战略部署具有重要的历史和现实意义。

7.2 气象服务保障国家重大战略对气象科普工作提出的新需求

7.2.1 保障生态文明建设对气象科普的需求

（1）贯彻落实党的十九大和十九届历次全会精神

党的十九大从“推进绿色发展、着力解决突出环境问题、加大生态系统保护力度、改革生态环境监管体制”4个方面对加快生态文明体制改革、建设美丽中国作出具体部署，是气象部门新时代发展生态文明建设气象保障服务的行动指南。

贯彻落实党的十九大和十九届历次全会精神要求，气象部门在发展理念上主动将气象工作融入人与自然和谐发展的现代化建设新格局，在能力提升上着重强化影响自然生态、人居环境、绿色产业的气象实时监测、动态评估、风险预警、科学修复和依法监管能力，在工作目标上形成适应服务需求的法规标准、业务和科技支撑能力、有效的气象服务供给和业务组织体系，在工作重点上着重加强气象综合观测、监测、服务和人工影响天气等支撑生态文明建设的保障服务能力建设，在保障措施上强化组织领导、资金投入、人才队伍建设、深化开放合作。气象部门要立足于科技型、基础性、先导性社会公益部门定位，充分发挥在生态系统保护中的服务支撑作用，在绿色发展中的基础保障作用，在突出环境问题治理中的先导联动作用，与生态环境和资源保护相关的法定职能作用，要以“统筹规划，提升能力”“面向需求，开放合作”“科技支撑，标准先行”“分区施策，突出重点”为发展原则，发挥好气象“趋利避害”的积极作用。

（2）学习贯彻习近平生态文明思想

习近平总书记关于生态文明建设的重要论述，回答了生态文明建设的一系列重大理论和实践问题，提出要加强生态文明宣传教育，增强全民节约意识、环保意识、生态意识，营造爱护生态环境的良好风气。推进生态文明建设，首先就是要深入学习贯彻习近平生态文明思想，牢固树立中国特色社会主义生态观。

气象科普工作在普及生态文明建设方面还应发挥更大作用，通过多种形式和有效手段，让广大干部群众全面系统地领会“生态决定人类文明兴衰、生态就是生产力、生态就是民生福祉、山水林田湖草统筹治理”等一系列科学论断蕴含的丰富思想和深刻内涵，了解生态安全对维护国家安全、人民生命财产安全的重要意义，增强人们维护生态安全、应对生态危机的责任感、使命感和紧迫感。

（3）满足人民日益增长的优美环境需要

从社会需求角度来说，生态环境在人民群众生活幸福指数中的权重不断提高，人民从过去盼“温饱”、求“生存”到现在盼“环保”、求“生态”。新时代生态文明建设和生态环境保护工作赋予气象事业发展新的使命，必须把不断满足人民群众日益增长的优美生态环境需要作为做好新时代气象工作的根本出发点，坚持趋利与避害并重，全力服务和保障国家生态文明建设。既要创造更多的物质财富和精神财富以满足人民日益增长的美好生活需要，也要提供更多优质生态产品以满足人民日益增长的优美环境需要。

气象宣传科普作为科学普及生态文明思想的重要力量，更需要进一步发挥自身优势。推进全民提升生态意识，让公众认识到要以改善生态环境质量为核心，把解决突出生态环境问题作为民生优先领域，坚决打赢蓝天保卫战，加快补齐生态环境短板，这样才能不断增强人民群众的生态环境获得感、幸福感、安全感。

（4）推进全民生态素质提升

近些年来，虽然广大群众的生态意识和生态文明建设能力有所提升，但大部分公民对生态文明建设的目的和要求认识较为模糊，对环保知识的了解与掌握较为单一和陈旧，很多仅仅是停留在不乱扔垃圾、不浪费资源等层面上。与生态文明建设的要求相比，全社会生态意识和生态修养仍存在一定的差距和不足。因此，必须通过加强科普教育，在全社会牢固树立尊重自然、顺应自然、保护自然的理念，树立保护生态环境就是保护生产力、改善生态环境就是发展生产力的理念，提升全社会对生态文明建设的认识和理解，推进社会公众达成生态文明建设的强大共识并参与到切实行动中来。此外，我国生态文明科普教育体系也很不完整，迫切需要国家大力开展有组织、有计划、有声势的生态文明科普工作，进一步强化公众生态文明意识。

气象科普作为提升公众意识、凝聚社会共识的重要手段，不仅有助于推进公众了解生态文明建设的目的和意义，认识气象服务生态文明建设的进展和成效，还有助于引导公众形成正确价值导向下的生态环境保护意识，学习如何更好地参与到环境保护工作中来，促进全民生态素质的提高。

（5）满足我国参与全球治理的责任担当需求

我国早在2007年就发布了《中国应对气候变化国家方案》，提出了减缓温室气体排放等6项重点任务。2015年，我国向联合国提交了《强化应对气候变化行动——中国国家自主贡献》文件，提出到2030年单位国内生产总值二氧化碳排放比2005年下降60%～65%等目标。2020年9月，习近平主席在第七十五届联合国大会一般性辩论上的讲话中宣布了中国二氧化碳排放力争于2030年前达到峰值，努力争取2060年前实现碳中和的目标。2021年10月，国务院印发《2030年前碳达峰行动方案》，按照党中央要求扎实推进碳达峰行动，其中，专门有一小节提到："加强生态文明宣传教育。将生态文明教育纳入国民教育体系，开展多种形式的资源环境国情教育，普及碳达峰、碳中和基础知识。加强对公众的生态文明科普教育，将绿色低碳理念有机融入文艺作品，制作文创产品和公益广告，持续开展世界地球日、世界环境日、全国节能宣传周、全国低碳日等主题宣传活动，增强社会公众绿色低碳意识，推动生态文明理念更加深入人心。"这对开展碳达峰、碳中和的气象科普工作也具有一定的指导意义。积极应对气候变化是我国广泛参与全球治理、构建人类命运共同体的责任担当，也是推进生态文明建设的迫切要求。深入开展气象科普工作，可以帮助公众认知我国面临的生态安全形势，了解我国有关气候治理和生态文明建设政策的制定，促进全民理解和支持我国积极参与全球环境治理，合作应对气候变化，坚持绿色低碳行动。

（6）推进气象部门保障生态文明建设工作

《中国气象局关于加强生态文明建设气象保障服务工作的意见》于2017年出台，强调了气象部门要在国家推进生态文明建设进程中充分发挥四大作用、聚焦五大任务、做实十九项工作。其中，提升生态系统保护气象服务能力、发挥气象服务绿色发展的保障作用、强化大气环境治理气象预报服务、提升生态文明气象保障服务依法履职水平、夯实生态文明建设气象业务基础五大任务的提出是气象部门融入国家战略的具体举措和抓手。通过五大任务来履行气象部门职能，充分发挥气象部门在生态系统保护中的服务支撑作用，充分发挥气象部门在绿色发展中的基础保障作用，充分发挥气象部门在突出环境问题治理中的先导联动作用，充分发挥气象部门与生态环境和资源保护相关的法定职能作用。此外，还进一步提出利用气象科技、业务、服务优势，发展具有世界先进水平的现代气象业务，建设具有中国特色的气象防灾减灾体系，强化生态文明建设气象服务功能，提升气候资源开发的保障服务能力，加强生态文明建设宣传教育和知识普及，充分发挥气象工作对生态文明建设的基础性、前瞻性、保障性作用。

（7）加强公众了解气象服务保障生态文明建设职能

生态文明建设是中国特色社会主义事业“五位一体”总体布局的重要组成部分。根据《中华人民共和国气象法》《中共中央 国务院关于加快推进生态文明建设的意见》等要求，气象部门承担着气象观测预报、防灾减灾、应对气候变化、开发利用气候资源、生态环境监测网络建设等职能，并参与重污染天气应对、环境风险预警管理、整合设立一批国家公园、实施生态文明绩效评价考核等任务。近年来，气象部门围绕履行这些职能和任务，在环境监测、资源开发、决策咨询、风险防范、科技支撑等方面发挥了积极的作用。公众对气象部门在推进生态文明建设过程中承担的职责和发挥的作用还缺乏深入认识，需要气象部门进一步宣传和普及。

7.2.2 保障国家综合防灾减灾救灾对气象科普的需求

（1）习近平总书记关于防灾减灾救灾工作的重要论述

习近平总书记关于防灾减灾救灾工作的重要论述，是新时代防灾减灾救灾工作的根本遵循。习近平总书记指出："我国是世界上自然灾害最为严重的国家之一，灾害种类多，分布地域广，发生频率高，造成损失重，这是一个基本国情。"这一基本国情，要求我们把防灾减灾救灾工作摆在更加突出的位置，在经济建设、政治建设、文化建设、社会建设、生态文明建设中统筹考虑自然灾害和灾害风险的潜在影响，把防灾减灾救灾融入经济社会发展全局。

习近平总书记指出："进一步增强忧患意识、责任意识，坚持以防为主、防抗救相结合，坚持常态减灾和非常态救灾相统一，努力实现从注重灾后救助向注重灾前预防转变，从应对单一灾种向综合减灾转变，从减少灾害损失向减轻灾害风险转变，全面提升全社会抵御自然灾害的综合防范能力。""两个坚持"要求我们做到防灾、减灾、救灾相统一，灾前、灾中、灾后相统筹，要求我们用系统的观点看待防灾、减灾和救灾工作，在谋划任何一项工作时，都要着眼全局、考虑长远，全面提高防灾减灾救灾工作整体效能（图7.2）。"三个转变"强调工作重心的转移。要实现"从注重灾后救助向注重灾前预

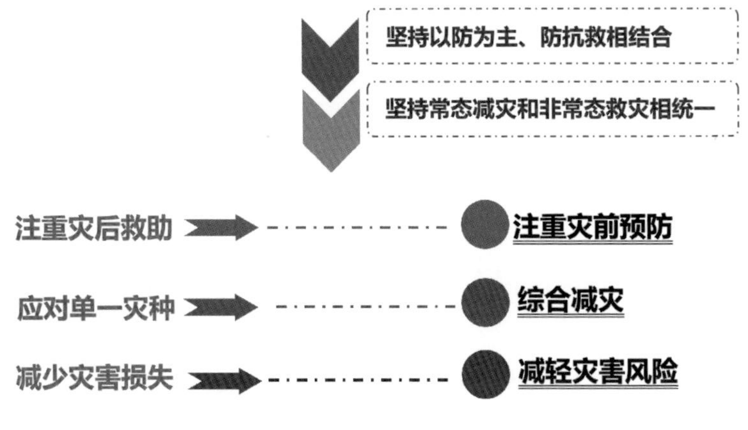

图7.2 “两个坚持”和“三个转变”（制图：李晨）

防转变”，就是要做到未雨绸缪、关口前移。要实现“从应对单一灾种向综合减灾转变”，就是要既做好单灾种应对，也统筹考虑各灾种综合应对；既要运用“工程性”减灾措施，也要善于统筹运用行政、科技、教育等诸多“非工程性”减灾措施；既要加大政府投入，也要统筹发挥金融、保险等市场的作用，还要积极引导社会力量参与。要实现“从减少灾害损失向减轻灾害风险转变”，就是要做到防微杜渐、抓好源头治理，通过减轻灾害风险，有效减少灾害损失。

（2）新时代防灾减灾救灾工作的目标

基本实现社会主义现代化和全面建成社会主义现代化强国，要充分发挥好防灾减灾救灾工作民生保障的兜底作用和对完善基本公共服务体系的支撑作用。与之相对应，《中国气象局关于加强气象防灾减灾救灾工作的意见》提出了新时代气象防灾减灾救灾工作的目标：到2035年，将推动气象灾害监测、预报、预警能力和水平大幅跃升，防灾减灾救灾工作法治化、规范化、现代化水平显著提高。届时，气象防灾减灾救灾能力、全球气象灾害治理的中国贡献力和影响力达到世界领先水平，与基本实现社会主义现代化的要求相适应。

（3）新时代防灾减灾救灾科普工作的路径

新时代气象防灾减灾救灾工作，以习近平新时代中国特色社会主义思想为指导，深入落实国家防灾减灾救灾体制改革要求，建成新时代气象防灾减灾救灾体系，气象灾害监测预报、预警信息发布、风险防范、灾后救援保障、依法管理能力显著提高，气象防灾减灾救灾制度体系完备，气象防灾减灾救灾法治化、规范化、现代化水平显著提高。

一方面，2016年12月19日，《中共中央 国务院关于推进防灾减灾救灾体制机制改革的意见》（以下简称《改革意见》）印发。《改革意见》对推进防灾减灾救灾体制机制改革明确了5项基本原则：坚持以人为本，切实保障人民群众生命财产安全；坚持以防为主、防抗救相结合；坚持综合减灾，统筹抵御各种自然灾害；坚持分级负责、属地管理为主；坚持党委领导、政府主导、社会力量和市场机制广泛参与。

针对防灾减灾救灾科普工作，《改革意见》具体要求，将防灾减灾纳入国民教育计划，加强科普宣传教育基地建设，推进防灾减灾知识和技能进学校、进机关、进企事业单位、进社区、进农村、进家庭。加强社区层面减灾资源和力量统筹，深入创建综合减灾示范社区，开展全国综合减灾示范县（市、区、旗）创建试点。定期开展社区防灾减灾宣传教育活动，组织居民开展应急救护技能培训和逃生避险演练，增强风险防范意识，提升公众应急避险和自救互救技能。

另一方面，2017年12月29日，《中国气象局关于加强气象防灾减灾救灾工作的意见》（以下简称《加强意见》）印发。《加强意见》提出建设新时代气象防灾减灾救灾体系。该体系以法治化、规范化、现代化为目标，以发挥监测预报先导、预警发布枢纽、风险管理支撑、应急救援保障、统筹管理职能、国际减灾示范“六大作用”为着力点，由监测预报预警体系、预警信息发布体系、风险防范体系、组织责任体系和法规标准体系“五大体系”构成。《加强意见》要求，做好新时代气象防灾减灾救灾，要实施“七大行动”，包括城市、乡村、海洋气象防灾减灾救灾行动，重点区域气象防灾减灾救灾示范计划，突发事件预警信息发布、人工影响天气以及气象防灾减灾救灾科普宣传等能力提升行动。

7.2.3 保障脱贫攻坚和乡村振兴战略对气象科普的需求

对标国家乡村振兴战略的总体要求，《中共中国气象局党组关于贯彻落实乡村振兴战略的意见》提出“建设与农业农村现代化发展、农村综合防灾减灾救灾、农村生态文明、精准扶贫相适应的现代气象为农服务体系，推进气象为农服务更高质量发展，气象趋利与避害的双重作用得到充分发挥，为乡村全面振兴、夺取新时代中国特色社会主义伟大胜利提供坚实气象保障”的总体发展目标。在乡村振兴战略的实施过程中，气象部门的作用体现在提供基础性、支撑性的公共服务，这其中往往离不开气象科普的先导性作用。

（1）气象科普保障农业农村现代化建设

加快农业农村现代化发展的步伐，提升农业信息化水平和科技创新水平，需要发展与之相适应的更高水平的现代气象为农服务能力。

现代气象为农服务体系以智慧气象为标志，所谓智慧气象，是指通过云计算、物联网、移动互联、大数据、智能等新技术的深入应用，依托于气象科学技术进步，使气象系统成为一个具备自我感知、判断、分析、选择、行动、创新和自适应能力的系统，让气象业务、服务、管理活动全过程都充满智慧。智慧气象以新技术和新气象科学成果为支撑，具有极高的科技含量。与此同时，发展智慧气象的举措，诸如建设农业气象观测试验站网、农业与生态气象遥感应用体系、智慧农业气象服务平台等，均离不开决策者和公众的支持与配合。这对农村气象科普提出了新的更高要求，气象科普的内容方面需要与时俱进，需要更加密切地与新技术引用和最新农业气象科技成果相联系，气象科普的对象方面则需要与气象为农服务体系建设的范围相匹配，进一步扩大其覆盖面。

（2）气象科普提升农村综合防灾减灾救灾能力

近年来，在农村防灾减灾气象科普宣传方面，气象部门已经取得了很大的成绩，如打造了“气象科技下乡”“流动气象科普万里行”等品牌活动，深入农村开展气象防灾减灾科普宣传，足迹遍布十余个省份，累计受众近十万人。总的来说，农村地区仍然是国家综合防灾减灾救灾的重要领域和薄弱环节，新时期的农村气象科普应当以更加积极的面貌响应乡村振兴战略“加强农村防灾减灾救灾能力建设”的任务要求。《中共中国气象局党组关于贯彻落实乡村振兴战略的意见》指出，要建立“政府推动、部门协作、媒体搭台、社会参与”的乡村气象科普工作格局，因此，农村气象防灾减灾科普工作必须提高自身视野和站位，在原有品牌的基础上加强部门协同、地方联动和媒体合作，充分调动各方资源不断扩大影响力。在做好品牌活动的同时，为落实“坚持常态减灾与非常态救灾相统一”的要求，要更加重视常态化科普，推进基层气象科普业务化，使农村气象科普真正服务于国家综合防灾减灾救灾能力的提升。

（3）气象科普服务农村生态文明建设

党的十九大报告提出“建设生态文明是中华民族永续发展的千年大计”，要“加快生态文明体制改革，建设美丽中国”。气象服务可以为农村生态保护和乡村绿色发展的诸多领域提供支撑和保障，例如提升风能太阳能等清洁气候资源的开发利用能力，开展农村盐碱化、荒漠化等地区的生态系统气象监测与影响评估，发展如乡村植被恢复、水库增蓄水和地下水超采治理等生态修复型人工影响天气业务，保障大气环境治理和重污染天气应对，发展乡村气候生态旅游度假品牌等。新时代气象服务农村生态文明建设的内涵在不断丰富和扩展，这就要求气象科普工作也要相应地开拓新视野，打开新思路，找准发力点，在传统的气象防灾减灾和应对气候变化等内容的基础上，延伸到生态环境保护、生态产业发展领域，为农村生态文明建设营造良好的氛围。建设生态宜居的美丽乡村，气象科普大有可为。

（4）气象科普助力精准扶贫

党的十九大报告提出，要动员全党全国全社会力量，坚持精准扶贫、精准脱贫。在打赢脱贫攻坚战的过程中，需要全面发挥气象趋利避害的作用，着重提升贫困地区综合气象服务能力。这体现在气象技术、项目、资源、人才逐步向贫困地区倾斜，优先发展贫困地区农业气象服务网络和系列生态气象品牌，优化贫困地区的气象灾害监测、预警能力，提升贫困地区气象灾害防御水平等方方面面。这就要求在开展农村气象科普工作时，要进一步融入气象助力精准扶贫国家战略的大局，加大对老少边穷地区的关注和相应科普资源的倾斜。此外，针对《乡村振兴战略规划（2018—2022年）》提出的“因地制宜、因户施策，探索多渠道、多样化的精准扶贫精准脱贫路径，提高扶贫措施针对性和有效性”要求，贫困地区的农村气象科普更加需要以当地农民需求为导向，重点关注当地多发、易发的气象灾害，开发有针对性、精细化、个性化的科普内容。

（5）气象科普助力乡村文化兴盛

党的十九大报告指出，文化自信是一个国家、一个民族发展中更基本、更深沉、更持久的力量，要推动社会主义精神文明和物质文明协调发展，要推动中华优秀传统文化创造性转化、创新性发展。我国的农耕文化源远流长，而自古以来农耕文化与气象就是密不可分的，两者相结合的代表——“二十四节气”已经被列入联合国教科文组织的世界文化遗产名录，此外还有丰富多彩的气象谚语等。因此，农村气象科普能够成为也应当成为乡村文化兴盛的重要助力，在乡村文化中注入更多的气象元素。新时期的农村气象科普需要深入挖掘农耕气象文化的内涵，分析其在新的历史条件下的传播需求，并鼓励文化工作者、科普工作者参与农耕气象文化建设，不断推进农耕气象文化的繁荣和创新发展。

7.3 新时代气象科普工作可持续发展的建议和对策

新时代生态文明科普要认真落实党中央、国务院关于推进生态文明建设的重大决策部署，大力提升生态文明建设气象保障服务的能力和水平。新时代气象防灾减灾工作要坚持预防优先、综合减灾的基本原则，充分发挥科普宣传在减轻气象灾害风险的作用。新时代的农村气象科普，应该围绕现代化和趋利避害的基本特征，充分发挥其先导性作用。面向新需求，围绕气象服务保障国家重大战略，本研究提出气象科普工作可持续发展的相关建议和对策。

7.3.1 围绕气象服务保障国家重大战略构建气象科普新格局

围绕推进生态文明建设、国家综合防灾减灾救灾、乡村振兴战略的核心任务建立气象科普长效机制，构建政府、部门、企业、公众协同共治的气象科普服务保障国家重大战略的新局面。推进气象科普社会化、常态化、业务化、品牌化，开展分层次、宽领域、多手段的气象科普宣传。加强对重大战略性任务的统筹协调，强化责任落实，确保各项任务有序推进和创新发展。完善政府部门、社会力量和新闻媒体等合作开展气象宣传教育工作机制，推动将气象教育纳入国民教育体系。

7.3.2 提升气象科普宣传能力

（1）开展气象科普宣传品牌示范

加强重大专题科普的组织策划，打造服务生态文明建设、综合防灾减灾救灾和乡村振兴战略的气象宣传科普品牌。充分利用“世界气象日”“气象科技活动周”“全国防灾减灾日”等重大活动节点，向社会传递气象防灾减灾、应对气候变化、服务生态文明建设知识，提升公众气象科学素质。继续推进气象科普融入国家文化科技卫生“三下乡”活动，以农民需求为导向组织专家深入农村开展“气象科技下乡”“流动气象科普万里行”等品牌活动，将气象为农服务带到最需要的地方。建设实体气象科普基地、虚拟体验馆和数字气象防灾减灾救灾科普宣教平台，在全国范围内形成气象防灾减灾救灾科普教育基地联盟。

（2）推进气象科普信息化建设

建设国家、省、地、县四级一体化的全国气象科普宣传共享和传播平台，全国气象舆情监测分析研判系统，以及全国气象新媒体矩阵。强化云计算、物联网、移动互联、大数据、人工智能等现代化信息技术手段在气象科普领域的应用，提升气象科普资源、传播手段的数字化水平，推动气象科普信息化发展。

（3）加强气象科普资源创新研发和供给侧改革

强化3D技术、增强现实/虚拟现实等技术在气象科普领域的应用，形成一批有传播力、引导力、影响力和公信力的优秀宣传科普作品。加大力度促进传统媒体与新媒体的融合，结合科普对象的实际需求，充分利用新媒体的传播优势，广泛采用图文、微视频、微网页等新形式，提升气象科普的传播效率和效果。充分挖掘具有气象特色、地域特点的文化遗产，加大气象文化的保护和宣传力度。制作多语种的电视宣传片及画册，扩大中国应对气候变化行动的国际影响力。

（4）统筹区域和受众特点开展精细化科普

加强资源统筹，发挥地域特点，针对区域经济发展水平、气候特点和多发灾害类型，开展精细化的气象科普。加大对革命老区、少数民族地区、边疆地区和贫困地区的关注，以及对气象灾害多发、易发地区的关注。面向不同人群，提升气象科普的针对性。对于青少年，要把气象防灾减灾、适应气候变化等内容融入学校教育内容；对于产业工人和老年人，可以举办形式多样的气象科普活动，提升他们的防灾减灾技能和生态保护意识，引导他们形成绿色生活理念；对于农民，可以采取气象科技下乡、气象科普扶贫等方式普及农业气象知识、防灾减灾技能和生态生活生产方式；对于领导干部和公务员，可以采取进党校（行政学院）开展科普报告和编写领导干部气象科普知识读本等方式，提升其气象科学素质，尤其是面对重大灾害的应对和决策能力。

7.3.3 完善气象科普工作保障措施

多渠道筹措，积极争取专项宣传科普经费支持，加大生态气象、气象防灾减灾、农村气象科普宣传项目和活动的经费投入力度。加强气象科普宣传各项工作的监测和评估，构建客观、定量的科普宣传评估体系，以提升气象科普宣传的针对性和有效性。强化开放合作，加强与民政、国土资源、环境保护、住建、交通运输、水利、农业、安全监管等多部门的合作，联合提升气象科普宣传教育能力。加强与国外先进国家的交流和合作研发，汲取先进经验，共享科普成果。加强科普人才培养和创新团队建设。

本章内容来源于2018年中国气象局软科学研究重点项目“中国特色社会主义进入新时代对气象科普的新需求研究”（重点项目[16]）成果，并根据最新信息进行了补充完善。

第8章
气象科普助推乡村振兴发展

实施乡村振兴战略是建设现代化经济体系的重要基础，是建设美丽中国的关键举措，是传承中华优秀传统文化的有效途径，是健全现代社会治理格局的固本之策，是实现全体人民共同富裕的必然选择。有为才有位，要将气象科普工作积极融入国家和各省（自治区、直辖市）乡村振兴发展大局和相关战略规划，构建现代乡村气象科普服务体系，全面提升乡村振兴气象科普保障服务水平，把气象科普助推乡村振兴工作做好做实做细，让气象科普普惠广大农民群众，让亿万农民有更多实实在在的获得感、幸福感、安全感。

8.1 气象科普助推乡村振兴发展的战略意义

8.1.1 实施乡村振兴战略为新时代农村气象科普带来机遇与挑战

中国是农业大国，重农固本是安民之基、治国之要。现代意义上的乡村振兴最早始于20世纪30年代，在“农村破产即国家破产，农村复兴即民族复兴”的普遍认识中，以晏阳初、梁漱溟、卢作孚等为代表的知识分子和实业家发起了一场乡村建设运动。诚如梁漱溟所言：“南北各地乡村运动者，各有各的来历，各有各的背景。有的是社会团体，有的是政府机关，有的是教育机关；其思想有的左倾，有的右倾，其主张有的如此，有的如彼。”但是，关心乡村，立志救济乡村，则是这些团体和机构的共同点。虽然在当时的时代大背景下，他们的观点和实践不免片面，但是提出的发展乡村教育以开民智、发展实业以振兴乡村经济、弘扬传统文化以建立乡村治理体系等思想，对于今天实施乡村振兴战略仍有启示作用。

党的十九大报告首次提出实施乡村振兴战略，将其与科教兴国战略、人才强国战略、创新驱动发展战略、区域协调发展战略、可持续发展战略、军民融合发展战略并列为党和国家未来发展的“七大战略”，并庄严写入党章。这是以习近平同志为核心的党中央，立足社会主义初级阶段基本国情，站在新时代新起点，在全面建成小康社会的关键时期，着眼于实现“两个一百年”奋斗目标和补齐农业农村短板的问题导向，对我国“三农”工作作出的重大部署。

没有农业农村的现代化，就没有整个国家的现代化。习近平总书记指出："任何时候都不能忽视农业、不能忘记农民、不能淡漠农村；中国要强，农业必须强；中国要美，农村必须美；中国要富，农民必须富。"实施乡村振兴战略，是决胜全面建成小康社会、全面建设社会主义现代化国家的重大历史任务，是新时代"三农"工作的总抓手。

40多年前，中国通过农村改革拉开了改革开放大幕，农业科技和农村经济乘着改革的春风发生了天翻地覆的变化，在农业和农村经济发展过程中，科技进步贡献率逐年增大。40多年后的今天，实施乡村振兴，开启城乡融合发展和现代化建设新局面更离不开科技的发展。农业科技进步贡献率的增长是科学技术研究、开发、推广和普及的硕果，其中农村科普工作的贡献功不可没。

科学素质决定公民的思维方式和行为方式，是实现美好生活的前提，是实施创新驱动发展战略的基础，是国家综合国力的体现。近年来，农民科学素质显著提升，然而与城市居民科学素质相比仍存在较大差距，同时农村科普基础设施建设薄弱、面向农村的科普服务能力不强、科普供给侧未能满足农民快速增长的多元化、差异化需求等问题也十分突出，与实施乡村振兴对科普工作的要求相比还有差距。据统计，2020年农村居民具备科学素质的比例为6.45%，远低于城镇居民13.75%的平均水平。所以，实施乡村振兴战略和全民科学素质行动计划，难点在农民科学素质的提升。

"科技创新、科学普及是实现创新发展的两翼，要把科学普及放在与科技创新同等重要的位置。"习近平总书记对科普工作的定位，为新时代科普工作的发展指明了方向。作为科普工作重要组成部分的农村科普工作也得到党中央和国务院的高度重视，《中共中央 国务院关于实施乡村振兴战略的意见》《乡村振兴战略规划（2018—2022年）》对进一步加强农村科普工作、提高农民科学文化素质、全面服务乡村振兴提出了明确要求。实施创新驱动发展战略，不仅需要提高科技创新能力，也需要推进大众创新，通过科学普及，让科技创新成果和知识普惠大众。新时代的农村科普，对于助力提升农业农村发展水平、提高农民科学素质、创新文化建设、农村生态文明建设、打造善治乡村等具有重要意义，是保障和服务乡村振兴的重要举措。作为农村科普的组成部分，气象科普工作在助力乡村振兴的过程中，也应牢牢把握坚持农业农村优先发展这个总方针，推动科普资源下沉、人才下沉、服务下沉，全方位提升农民科学素质，有力推动农民全面发展和乡村全面振兴。

8.1.2 气象科普是趋利避害高质量服务助力乡村振兴的重要抓手

乡村振兴战略是新时代做好“三农”工作的总抓手，也是新时代推进气象为农服务工作的总指引。2018年，《中共中央 国务院关于实施乡村振兴战略的意见》提出“提升气象为农服务能力”“加强农村防灾减灾救灾能力建设”；2019年，《中共中央 国务院关于坚持农业农村优先发展做好“三农”工作的若干意见》要求“建设现代气象为农服务体系”；2020年，《中共中央 国务院关于抓好“三农”领域重点工作确保如期实现全面小康的意见》提出“加快智慧气象等现代信息技术在农业领域的应用”“加快现代气象为农服务体系建设”；2021年，《中共中央 国务院关于全面推进乡村振兴加快农业农村现代化的意见》要求“完善农业气象综合监测网络，提升农业气象灾害防范能力”；2022年，《中共中央 国务院关于做好2022年全面推进乡村振兴重点工作的意见》要求“强化农业农村、水利、气象灾害监测预警体系建设，增强极端天气应对能力”（图8.1）。自2005年以来，中央一号文件连续18年对气象为农服务作出部署，这标志着

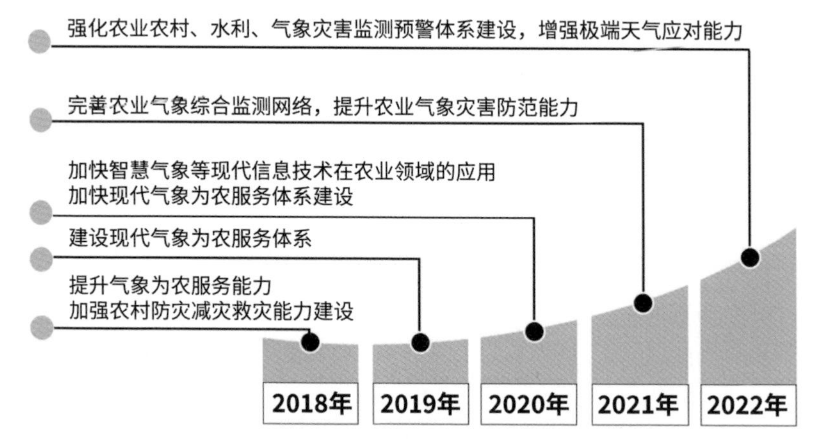

图8.1　历年中央一号文件对气象为农服务的部署（制图：李晨）

气象保障“三农”工作的支撑作用进一步强化，气象为农服务在气象服务中的重要地位进一步凸显。

围绕“三农”工作重点狠抓中央一号文件落实，一直是中国气象局多年来开展气象为农服务的重心所在。“三农”发展需求和实施乡村振兴战略对气象为农服务提出了越来越高的要求，气象为农服务也迎来了充满机遇与挑战的重要发展期。没有全民科学素质普遍提高，就难以建立起宏大的高素质创新大军，难以实现科技成果快速转化。农村现代化中“物”的现代化、“人”的现代化、乡村治理体系和治

理能力的现代化，都离不开“人”这个关键因素，离不开人的素质尤其是科学素质的提高。作为农民科学素质的重要组成部分，气象科学素质是其科学主动趋利避害、合理利用气候条件、提高生产效率、提高农作物经济价值、保护生命财产安全、保障美好生活的前提和基础。

乡村是气象科普可以大有作为的广阔天地。作为保障乡村振兴的重要举措之一，气象科普有利于促进智慧气象科技成果的转化，助力乡村产业振兴；有利于提高农民气象科学素质，助力乡村人才振兴；有利于传承、创新、发展以农耕气象文化为重要内容的优秀传统乡村文化，助力乡村文化振兴；有利于用好“两山论”传播绿色发展理念，助力乡村生态振兴；有利于发挥农村基层党组织的战斗堡垒作用，积极宣传贯彻党的政策，推动乡村组织振兴。

8.2 助推乡村振兴对气象科普的需求

2004—2022年，中共中央、国务院连续19年发布以“三农”为主题的中央一号文件，强调了“三农”问题在中国社会主义现代化建设中的重要地位。2017年10月，党的十九大报告首次提出“实施乡村振兴战略”，并指出要“坚决打赢脱贫攻坚战”，要“动员全党全国全社会力量，坚持精准扶贫、精准脱贫”。2018年1月，《中共中央 国务院关于实施乡村振兴战略的意见》提出了实施乡村振兴战略的“三步走”时间表：到2020年，乡村振兴取得重要进展，制度框架和政策体系基本形成；到2035年，乡村振兴取得决定性进展，农业农村现代化基本实现；到2050年，乡村全面振兴，农业强、农村美、农民富全面实现。为强化规划引领，科学有序地推动乡村产业、人才、文化、生态和组织振兴，2018年9月，中共中央、国务院印发《乡村振兴战略规划（2018—2022年）》，明确了实施乡村振兴战略的总体要求，细化、实化了乡村振兴的工作重点和政策举措。

农业主要是在自然条件下进行的生产活动，对天气气候条件的依赖程度很高。党中央、国务院历来高度重视气象为农服务，气象为农服务是气象服务工作中的重中之重。2018年，全国气象为农服务工作会议首次提出“建设现代气象为农服务体系”。2018年11月，中国气象局党组出台《中共中国气象局党组关于贯彻落实乡村振兴战略的意见》，提出贯彻落实乡村振兴战略的总体目标：“建设与农业农村现代化发展、农村综合防灾减灾救灾、农村生态文明、精准扶贫相适应的现代气象为农服务体系，推进气象为农服务更高质量发展，气象趋利与避害的双重作用得到充分发挥，为乡村全面振兴、夺取新时代中国特色社会主义伟大胜利提供坚实气象保障。”2019年，“建设现代气象为农服务体系”被写入中央一号文件，成为新时期气象为农服务发展的行动指南。

当前，国家综合防灾减灾体制机制改革、农业农村现代化、生态文明建设、打赢脱贫攻坚战和信息化快速发展等一系列的新要求、新变化，正在深刻改变农业农村的发展方式与需求。气象为农服务必须不断适应新的变化，从以服务农业生产和农村防灾减灾为主，延展至服务农村生态、扶贫攻坚等诸多领域，实现向现代为农服务体系的升级。2018年，时任中国气象局局长刘雅鸣指出，构建现代气象为农服务体系的具体举措应从助力质量兴农、平安乡村建设、乡村绿色发展、精准扶贫4个方面出发，重点提升智慧农业气象服务、农村气象防灾减灾、生态文明建设气象保障和贫困地区综合气象服务“四大能力”。

“四大能力”的提升，离不开气象科普的基础性、先导性、前瞻性作用。其一，现代气象为农服务体系以智慧气象为标志，智慧气象以新技术和气象科学新成果为支撑，农业气象观测试验站网、农业与生态气象遥感应用体系、智慧农业气象服务平台的建设体现了极高的科技含量，发挥气象科普的基础性、先导性作用，提高公众尤其是决策者的气象科学素质，能够最大程度得到他们的理解、支持与配合。其二，当前农村地区仍然是国家综合防灾减灾的重要领域和薄弱环节，新时期防灾减灾应当遵循“两个坚持”“三个转变”的原则，预防优先，综合减灾，通过切实有效的农村气象科普工作促进农民防灾减灾意识和能力的提升，做到未雨绸缪、关口前移。其三，党的十九大报告提出“建设生态文明是中华民族永续发展的千年大计”，要“加快生态文明体制改革，建设美丽中国”，在气候资源开发利用、农村生态保护、发展乡村气候生态旅游度假品牌等诸多领域，均需气象服务发挥支撑和保障作用，更需要通过气象科普工作传播生态文明的理念，筑牢“建设美丽乡村”的思想基础。其四，打赢脱贫攻坚战需要全面发挥气象“趋利避害”的作用。以需求为导向，针对贫困地区多发、易发气象灾害的精细化科普，能够有效提升贫困地区气象灾害防御水平；依据天气气候条件开展气候资源开发利用、特色农业科学技术的科普工作，能够因地制宜地促进产业振兴发展，充分发挥气象“趋利增效”的功能。

8.3 农村气象科普工作的宗旨、思路和任务

8.3.1 农村气象科普工作的宗旨

深入贯彻《中共中国气象局党组关于贯彻落实乡村振兴战略的意见》对气象科普工作作出的安排部署，强化气象科普宣传，助力乡村文化兴盛。以科技兴农，以服务惠农，提升农村气象科普水平，传承发展农耕气象文化，全面提升农民科学文化素质，助力乡村振兴发展。

8.3.2 农村气象科普工作思路

（1）多方合作，共同推进

建立“政府推动、部门协作、媒体搭台、社会参与”的农村气象科普工作格局。气象科普向乡村延伸，必须充分发挥基层气象部门推动乡村振兴的主力军作用，强化基层气象部门的科普职责，提高其对气象科普的认识和开展气象科普的能力。联合相关部委和地方政府，并结合气象部门现有科普资源和发展体系优势，融入国家科技、文化、卫生“三下乡”等活动，通过各类媒体打造全媒体传播矩阵，同时鼓励社会力量参与，共同打造为农服务体系。

（2）强基固本，因地制宜

加强基层气象科普基础设施建设，培养气象科普人才队伍，多措并举，推进基层气象科普业务化和管理工作的实时化、信息化、平台化。搭建社会化气象科普基础服务平台，资源共享。结合当地需求，

多角度、多渠道开展气象科普活动，推进农村气象科普系列品牌化，扩展气象科普影响力。

（3）创新驱动，传承文化

吸纳社会各界及部门内部力量，与时俱进改进农村的科普理念、整合科普内容资源、增加新型传播方式。创新气象科普的形式、内容、方法和技术，因地制宜、因人而异，变输出供给式为交互体验式，融入“智慧气象”和“互联网+”等模式，提高气象科普在农村的覆盖面和影响力。深入研究传统农耕气象文化，结合地域特色增加新兴气象科技因素，引领传统文化回归服务于现代农事。

8.3.3 农村气象科普工作任务

（1）夯实气象科普基础

不断完善和健全气象科普设施，培育气象科普人才。整合社会力量及气象部门现有科普资源和发展体制优势，建设具有特色的气象科普场馆、科普教育基地。培养壮大涵盖研究、策划、创作、制作、宣传、管理等方面的有底蕴的基层专职或兼职气象科普人员，鼓励创作符合当地农民实际需求的气象科普作品。提升县、乡、镇、村的气象科普基础设施建设与科普服务能力。

（2）传播气象科普知识

因地制宜，趋利避害，针对不同地域、地区的需求，创新科普理念、注入科技动能、增加传播方式。围绕农业生产、农村发展、农业技术服务等制作特色气象科普产品。结合当地的具体情况，开展气象科普主题巡展及气象科普活动，向广大农民及时传递气象科普信息。

加大对老少边穷地区以及气象灾害多发、易发地区的科普投入和关注，助力乡村脱贫致富以及生态气象产业发展。

（3）弘扬气象文化

深入研究二十四节气、气象农谚等传统农耕气象文化，并结合当地农耕特质、气象特点、区域特色，借助创新信息技术和手段拓展气象科普的可视性、直观性、实用性。充分利用新媒体、新技术扩大气象科普在广大农村的覆盖面和影响力。传承精髓，科学创新，破除封建迷信、弘扬科学精神，提高农民防灾减灾意识，培养农民科学思维和视角。

8.4 农村气象科普工作发展举措

党的十九大报告对乡村振兴战略提出了“产业兴旺、生态宜居、乡风文明、治理有效、生活富裕”的总要求。乡村振兴不仅是经济的振兴，也是生态、文化、教育、科技的振兴，还是农民素质的提升。将气象科普融入乡村创新文化建设发展，提升个人的气象科学素质，将有效助推乡村文化兴盛、国家生态文明建设、精准扶贫等。

8.4.1 推进农村重点群体气象科学素质教育

《全民科学素质行动规划纲要（2021—2035年）》提出：“以提升科技文化素质为重点，提高农民文明生活、科学生产、科学经营能力，造就一支适应农业农村现代化发展要求的高素质农民队伍，加快推进乡村全面振兴。”

农村气象科普工作作为提升农民科学素质的重要手段和内容，必须充分发挥全国乡镇气象信息服务站、气象信息员的积极作用，向乡镇农民宣传科学发展观内涵，积极引导开展保护生态环境、节约水资源、保护耕地、防灾减灾，倡导健康卫生、移风易俗和反对愚昧迷信、陈规陋习等内容的宣传教育。加强农村气象科学教育与培训工作，大力开展针对性强、务实有效的农业气象科技教育培训，逐步建立内容丰富、形式多样、适应需求的农村科学教育、宣传和培训体系。及时通过气象科普专家讲座、气象科普讲解、气象科学实验演示等方式向社会传递前沿气象科技知识，普及实用技术。

要结合农时及时传播气象科学知识和灾害防御指南，引导农牧民合理利用气象气候知识科学种植。激发广大农民参与科学素质建设的积极性，帮助农民掌握和运用气象信息合理调整生产生活。推动先进实用技术在农村的普及推广，着力培养有文化、懂技术、会经营的新型农民，提高农民获取科技知识和依靠科技脱贫致富、发展生产和改善生活质量的能力。

8.4.2 促进乡村气象科普设施融合建设

依托全国各省（自治区、直辖市）基层气象部门、农村中小学、村党员活动室、农村成人文化技术学校、文化站和有条件的乡镇企业、农村专业技术协会等农民合作组织，发展乡村气象科普活动场所。推动乡村气象科普橱窗、宣传栏等建设，着力开发和充实适应需求、富有特色的气象科普展示教育内容。

推进乡镇气象科普教育科普活动站、气象知识书屋、气象科普画廊等基层科普场所建设，有效融入农村综合服务设施、基层综合文化服务中心等建设中，打造集生态保护、观赏游览、科学普及和文化研究等功能于一体的科普新阵地，提升乡村气象科普公共服务能力。

利用气象科普公园等，面向农村开展贴近实际生产、生活的经常性气象科普活动，增强气象科技吸引力，提升农村气象科普服务效果。组织开展各种气象观摩体验活动，让农民近距离感受气象现代科技成果和现代服务业的科技含量。

8.4.3 提升农村气象科普信息化服务水平

进一步发展基于“互联网+”的智慧农业气象服务，强化现有科普资源共享平台的落地应用。加强农村农业气象防灾减灾和气象科学知识的科普产品研发，创作研发一批技术创新、内容创新、形式创新的气象科普产品，充分利用我国农村经济气象信息网、智慧农业气象服务手机App终端等，实现农村气象科普资源高效利用、信息充分共享。开展线上、线下相结合的农业气象科普知识培训，切实解决气象科普信息传输存在的盲区和滞后性。

8.4.4 促进农村创新创业与气象科普结合

推进农业气象科研与农村气象科普的结合，在国家农业气象科技计划项目实施中进一步明确气象科普的义务和要求，项目承担单位和科研人员要主动面向社会开展农业气象科普服务。促进农业创业与气象科普的结合，鼓励和引导众创空间等创新创业服务平台面向创业者和公众开展气象科普活动；推动农村气象科普场馆、科普机构等面向创新创业者开展气象科普服务。

8.4.5 开拓创新农村的气象文化环境

在推动乡村振兴的过程中，努力营造崇尚创新的气象文化环境，倡导科学精神和创新价值观念，使乡镇百姓能更好地理解并投身到气象科技创新的应用中。培育农民尊重知识、尊重科学的意识，树立合理利用气候条件、追求卓越的创新气象文化。

8.5 气象科技下乡活动经验

为全面贯彻落实《关于深入开展文化、科技、卫生“三下乡”活动的通知》精神，2009年起，中国气象局、中国气象学会联合农业部、科技部、科协等相关部门连续十余年开展了“气象科技下乡”活动，积极推进气象科普工作融入气象为农服务。通过开展内容丰富、形式多样、群众喜闻乐见、互动性强的科普活动，先后走进贵州、陕西、河南、吉林、湖北、山东、四川、云南、山西、黑龙江和内蒙古等11个省份的村镇，将气象科技知识和气象防灾减灾知识送到田间地头，引导当地群众利用气象信息趋利避害，使气象服务为促进农村发展、农民增收、农业增效作出贡献。

综合历年来科技下乡活动的经验，主要体现了“五个结合”：

一是农村气象科普与气象服务相结合。发挥气象科技应用效果，在农时关键时期，及时、多渠道地向农民群众传递气象科普知识，指导农民利用天气气候条件合理安排生产，增收致富。

二是农村气象科普与防灾减灾体系建设相结合。如浙江省德清县气象局积极探索上下联动的气象防灾减灾科普宣传机制，着力推进社会化、大联合的气象科普工作格局，将气象科普工作纳入县政府对乡镇农口工作年度目标考核，列入乡镇、村、企业等申报气象灾害应急准备工作认证达标的必备条件，极富新意。

三是农村气象科普与气象信息员队伍建设工作相结合。通过发展气象信息员，特别是有文化的大学生村官担任气象信息员，使气象科普知识、气象预报预警信息能够以通俗的语言迅速传达给农民，达到最佳的服务效果。目前，我国有气象信息员70.8万人，覆盖行政村99.7%，也构成了深入最基层的防灾力量。

四是农村气象科普与中小学教育结合。“从娃娃抓起”，提高青少年群体的防灾避险意识和应对气象灾害能力。如安徽省、浙江省积极推动气象防灾减灾进学校、进课本，《安徽省小学生气象灾害防御教育读本》《小学气象科学普及教育读本》作为正式气象科普教材进入小学生课堂。

五是农村气象科普与社会媒体相结合。这是一条促进气象科普和防灾减灾知识广泛进农村的快捷途径。结合地区实际，充分利用电子显示屏、农村大喇叭、广播、电视、手机短信、网络等直观快速的方式，普及气象科技和防灾减灾知识，传播气象灾害预警信息。

8.6 新时代气象科普助力乡村振兴的对策和建议

8.6.1 加强基层气象部门气象科普能力建设

（1）加强国家对省、市、县气象科普的指导

从国家层面到基层台站，全面学习、贯彻、落实习近平总书记提

出的“科技创新、科学普及是实现创新发展的两翼”的深刻含义，以此作为指导全国气象科普工作推进的行动指南，加强推动全国气象科普业务化进程。以气象科普理论研究为支撑，指导省级气象科普工作的发展方向、内涵。创新乡村气象科普手段，应用新媒体技术研发农业气象科普产品。加强全国乡村气象科普信息化建设。针对乡村农业生产需求，研发农业气象科普产品，结合实际业务与天气特点推送实时灾害性天气科普产品。加强对全国乡村青少年气象科学教育工作的指导，推进全国乡村校园气象科普工作。

（2）加强基层气象科普培训

农村科普工作面对的人群主要是广大农民，普及气象科学知识，推广农业气象科学技术，其目的是广泛提高乡村农民科学素质，宗旨是为“三农”服务，促进乡村振兴发展。为适应国家乡村振兴战略需要，开展农村气象科普培训，奠定了农村气象科普工作的基础，同时也为农村气象科普工作的深化、提高，以及逐步提高农民科学素质提供了保证。

8.6.2 建立气象科普工作助推乡村振兴的新格局

（1）发挥气象科普前瞻性作用

政府决策服务方面：改革开放以来，国家层面高度关注气象科技事业发展。随着国民经济实力不断提升，人民生活水平不断提高，国家公共基础设施建设、行业发展设施建设、工农业生产对气象服务的需求日益增加。在气象科技为国家经济战略发展、重大活动提供科学依据的基础上，气象科普应发挥前瞻性作用。

利用气候资源方面：根据农业气候资源普查评估结果，研发通俗易懂的气象科普产品，将动态的农业气候区划研究成果推广普及给农民，使农民真正了解农业气候区划的意义，为农业产业结构调整和区域开发、商品粮基地建设、优良品种引进提供科普支撑。

（2）提升气象科普服务能力

气象防灾减灾方面：定期开展多种形式的乡村防灾减灾科普宣传活动和农村防灾减灾应急演练，加强对乡村气象信息员气象科学知识和气象防灾减灾知识的培训。根据天气气候变化做好科普工作，使农民合理安排农耕生产，做好灾害性天气防御工作。

气象科技支撑方面：围绕政策性农业保险，助力生态农业、设施农业、特色农业发展，发挥气象科普的先导性、基础性作用。研发有针对性的科普产品，使农民了解、掌握并科学运用农业气象监测预警信息、农业气象情报和农业气象适用技术，减少农业灾害损失，提高农业生产效益。

8.6.3 完善农村气象科普保障措施

（1）加强组织领导，落实工作责任

加强组织领导，将气象科普工作纳入当地乡村振兴发展规划、相关公共服务发展规划、农村公共服务体系建设，以及政府工作目标绩效考核。

（2）加大财政投入，纳入政府购买目录

将基层气象科普工作纳入基层政府部门“定职责、定机构、定编制”的“三定”方案及乡村振兴方案，逐步加大气象科普投入力度。

将气象科普、共享数据资源等列为各级政府向社会购买公共服务的一部分，纳入地方财政预算，利用政府购买的方式调动服务主体的积极性。探索建立政府购买气象科普为农服务的规范化实施流程和制度。

（3）加强宣传引导

充分利用电视、广播、报纸、网络等媒体，加大对气象科普在“气象为农服务”建设中发挥的重要作用、相关政策措施，以及新进展、新经验的宣传。推动气象科普在气象为农服务中发挥先导性、基础性、前瞻性作用，加快气象科技成果应用转化，助推乡村振兴发展。

8.6.4 创新气象科普助推乡村振兴发展（1+X）模式

实施乡村振兴战略是建设现代化经济体系的重要基础，是建设美丽中国的关键举措，是传承中华优秀传统文化的有效途径，是健全现代社会治理格局的固本之策。乡村振兴，生活富裕是根本。随着科普工作的全面化、系统化、信息化发展和各个时期经济环境的演变，全球科普事业经历了科学普及、公众理解科学、科学传播三个阶段。无论是科普的文化内涵、工作理念、工作方法、表现手段都发生了质的飞跃。因此，气象部门需要改进过去传统的农村气象科学传播手段，从上至下加强农村气象科普的体制建设、能力建设和人才培养，利用现代新媒体技术增强气象科普传播力度。

新时期的农村气象科普，需要从理念思路、内容形式、方法手段上与时俱进，以更加积极的面貌响应国家乡村振兴战略的要求。《中共中国气象局党组关于贯彻落实乡村振兴战略的意见》指出，要建立“政府推动、部门协作、媒体搭台、社会参与”的乡村气象科普工作格局。科普是全社会的共同责任，新时期的气象科普应当打破行业、部门和地域的限制，加强联动协作，统筹规划，取长补短，共建共享，发展农村气象科普的（1+X）模式（图8.2），形成推动气象助力乡村振兴发展的合力。其中，“1”代表气象，“X”代表政府、农业、科技、教育、文化、旅游、媒体等相关部门、领域和行业。该模式着重发挥气象“趋利”和“避害”的双重作用，在助力乡村产业振兴、生态振兴、文化振兴、组织振兴、人才振兴中发挥气象科普的先导性、基础性作用。

图8.2 气象科普助推乡村振兴发展（1+X）模式（制图：李晨）

本章内容来源于2019年中国气象局软科学研究重点项目“气象科普助推乡村振兴发展研究”（2019ZDIANXM16）成果，并根据最新信息进行了补充完善。

第 9 章

生态文明建设中气象科普的作用与对策

生态文明建设是关系中华民族永续发展的根本大计。为贯彻落实习近平生态文明思想，气象部门出台了《中国气象局关于加强生态文明建设气象保障服务工作的意见》《生态气象服务保障规划（2021—2025年）》等系列制度文件，为实现美丽中国建设贡献气象智慧。在生态文明建设气象服务中，气象科普既可进一步在全社会弘扬科学精神、普及科学知识、提升公民科学素质，也可在促进人们认识气象在生态文明建设中的基础性、公共性和科技性作用上发挥独特的价值。本章着重对新形势下如何借助气象科普构建气象服务生态文明建设的新业态、新模式，以及如何做好适应生态文明建设战略需求的气象科普工作进行了分析与探索。

9.1 加强生态文明建设气象科普的背景与意义

9.1.1 深刻学习领悟习近平生态文明思想的内涵及其重要性

生态兴则文明兴，生态衰则文明衰。党的十八大作出“大力推进生态文明建设”的战略部署，首次明确“美丽中国”是生态文明建设的总体目标。党的十八大以来，以习近平同志为核心的党中央把生态文明建设作为统筹推进“五位一体”总体布局和协调推进“四个全面”战略布局的重要内容，生态文明建设从认识到实践发生了历史性、转折性和全面性的变化。党的十九大历史性地将“美丽”二字写入社会主义现代化强国目标，提出“坚持人与自然和谐共生”的基本方略。党章修改中增加了把我国建成富强民主文明和谐美丽的社会主义现代化强国、树立“绿水青山就是金山银山”意识、实行最严格的生态环境保护制度等内容。2018年3月通过的《中华人民共和国宪法修正案》将生态文明写入宪法，实现了党的主张、国家意志、人民意愿的高度统一。

习近平总书记逐步完善了生态文明建设的认识论、方法论与实践论。在2018年5月召开的全国生态环境保护大会上，习近平生态文明思想正式确立。这将党和国家对于生态文明建设的认识提升到一个崭新高度，为中国特色社会主义生态文明建设赋予了新的历史使命和新的时代生命力。

习近平生态文明思想内涵丰富、系统完整，深刻回答了为什么建设生态文明、建设什么样的生态文明、怎样建设生态文明等重大理论与实践问题，集中体现为“八个坚持”，即坚持生态兴则文明兴、坚持人与自然和谐共存、坚持绿水青山就是金山银山、坚持良好生态环境是普惠的民生福祉、坚持山水林田湖草是生命共同体、坚持用最严格制度最严密法治保护生态环境、坚持建设美丽中国全民行动、坚持共谋全球生态文明建设。

习近平生态文明思想体现了高度的历史自觉和理论自觉，开创了马克思主义中国化、时代化、大众化的新境界，是中国特色社会主义的理论新成果、实践新亮点，彰显了以习近平同志为核心的党中央对生态环境保护经验教训的历史总结、对人类发展意义的深邃思考，是中国共产党人创造性地回答人与自然关系、经济发展与生态环保关系问题所取得的最新理论成果。近年来，生态文明理念日益深入人心，污染治理力度之大、制度出台频度之密、监管执法尺度之严、环境质量改善速度之快前所未有，推动生态环境保护发生历史性、转折性、全局性变化。

9.1.2 准确把握气象与生态文明建设的关系

习近平生态文明思想为推进美丽中国建设、实现人与自然和谐共生的现代化提供了方向指引和根本遵循，把生态文明上升到人类文明形态的高度。

大气是生态系统最活跃的因素，气候是自然生态系统的重要组成部分，生态环境是人类生存和发展的根基。人类只有尊重、顺应和保护自然才能实现人的全面发展、人与自然的和谐发展。气候的不断变化对生态环境安全带来许多影响，生态环境问题日益严重，这些变化反过来通过影响生态系统的结构和功能，影响到全球气候变化，一些极端天气出现的次数越来越频繁，威胁到人类的生存和可持续发展。2020年，全球多地发生自然灾害，都与气候变化有关。新冠肺炎疫情的蔓延，更是触发对人与自然关系的深刻反思。全球气候治理的未来更受关注。因此，加快推进生态文明建设是积极应对气候变化、维护全球生态安全的唯一途径。

气象在生态文明建设中具有基础性、公共性和科技性特点，成为生态文明建设的保障者、推动者和先行者。气象事业是生态文明建设事业的重要组成部分，在生态文明建设中处于前沿哨口的突出战略地位，发挥着基础性科技保障作用。

中共中央、国务院印发的《生态文明体制改革总体方案》和《中共中央 国务院关于加快推进生态文明建设的意见》等重要文件，对气象服务保障生态文明建设提出了新要求。当前，生态文明建设和生态环境保护正处于压力叠加、负重前行的关键期，已进入提供更多优质生态产品以满足人民日益增长的优美生态环境需要的攻坚期，也到了有条件、有能力解决生态环境突出问题的窗口期。这要求气象部门牢固树立社会主义生态文明观，加快生态文明建设气象保障服务体系建设，主动适应生态文明建设关键期和攻坚期的需要，抓住窗口期的机遇，将气象工作融入人与自然和谐发展现代化建设新格局。

9.1.3 充分认识加强生态文明建设气象科普的重要意义

生态文明建设和生态环境保护工作赋予了气象事业发展新使命，呼唤各级气象部门要有新作为，也对气象科普工作提出了新的要求、新的挑战，气象科普也面临新的发展机遇。生态文明体系建设是全方位、全领域、全过程的生态文明制度设计理念，离不开气象工作的支撑和服务。气象科普服务在气象服务过程中发挥基础性、先导性以及桥梁纽带作用。加快推进气象科普工作融入国家生态文明体系建设，为更有效地贯彻实践习近平生态文明思想，更好地发挥气象的科技型、基础性、先导性社会公益事业职能提供了新的切入点。

良好的生态是最公平的公共产品，是最普惠的民生福祉，生态环境破坏会对国民经济建设、社会秩序和民生造成严重损失，带来巨大的社会风险。当前随着科学知识的普及与推广，公民科学素质不断提升，保护环境的意识显著提高，将良好生态环境作为美好生活一部分的认识和期待越来越明显，从过去寻求解决“温饱”和“生存”的状态转变为注重享受“生态”和保护“环境”的状态。我国独特的地理环境和严峻的生态环境、气候变化形势要求我们必须高度重视生态文明建设，加强生态文明气象科普服务传播工作。

近年来，我国生态文明建设在理论思考和实践举措上均有重大突破，生态环境、气象相关科普活动的开展和科学知识的传播功不可没。但无论是公众还是政府，对于天气气候，特别是极端天气、全球气候变化等对生态文明、生态环境威胁的认识还存在一定差距。推动气象服务生态文明建设有效落地，需要遵循生态文明价值观，积极开展生态气象科学知识普及工作，弘扬科学精神，传播生态文化，不断提高公众的生态文明意识，强化社会公众对生态安全、气候安全和绿色发展理念的认知，为生态文明建设气象保障服务营造良好氛围，做好基础性、先导性工作。积极开展生态气象科学知识普及和传播工作，针对生态文明建设的需求加强气象科普服务的精准度，既是建设生态文化体系的需要，也是气象服务生态文明建设的必然要求。

9.2 生态文明建设对气象部门的职责要求和服务需求

《全国生态保护与建设规划（2013—2020年）》提出，气象部门要强化生态建设气象保障，建设生态气象观测网络、生态气象业务服务平台，健全生态服务型人工影响天气作业体系，增加生态用水。

《国家应对气候变化规划（2014—2020年）》指出，气候变化关系我国经济社会发展全局，对维护我国经济安全、能源安全、生态安全、粮食安全以及人民生命财产安全至关重要。积极应对气候变化，加快推进绿色低碳发展，是实现可持续发展、推进生态文明建设的内在要求，是加快转变经济发展方式、调整经济结构、推进新的产业革命的重大机遇，也是我国作为负责任大国的国际义务。

《中共中央 国务院关于加快推进生态文明建设的意见》提出，加快推进生态文明建设，提高适应气候变化特别是应对极端天气和气候事件能力，加强监测、预警和预防，提高农业、林业、水资源等重点领域和生态脆弱地区适应气候变化的水平。扎实推进低碳省区、城市、城镇、产业园区、社区试点。坚持共同但有区别的责任原则、公平原则、各自能力原则，积极建设性地参与应对气候变化国际谈判，推动建立公平合理的全球应对气候变化格局。在大力推进绿色城镇化方面要考虑气象条件的许可。

在生态文明绩效评价考核中纳入气象相关指标。2017年2月，国家发展改革委征求气象部门意见，希望气象部门加强气候和气候变化对生态环境质量的影响研究，建立影响评估指标体系；研究气象灾害对生态安全影响风险，开展预警业务试点；研究气象条件在保障生态安全中的贡献，建立地方政府生态文明建设绩效考核评价气象条件贡献率指标。

农业部门需要气象部门做好农田生态保护、草原生态保护气象服务，同时做好作物、蔬菜、果树以及畜牧业生产气象服务，开展生态扶贫。林业部门需要气象部门做好森林生态保护所需的气象灾害衍生灾害监测预警、森林固碳、森林功能发挥、植树造林等气象服务，还需要做好湿地生态系统保护、荒漠治理等气象服务。国土资源部、生态环境部等部门需要气象部门开展大气、水、土壤污染治理气象监测预测预警服务，帮助国家尽快实现天蓝、水清、地绿、土壤无污染的生态环境改善目标，发挥气象部门在国土空间生态红线制定、绿色城镇化建设、防灾减灾等方面的作用。国家旅游局需要气象部门开展旅游环境监测预测、灾害预警服务，做好生态旅游气象服务。统计部门需要气象部门参与《党政领导干部生态环境损害责任追究办法（试行）》中有关生态环境损害的监测评估任务，提供监测评估结果。

生态问题突出省份迫切需要开展生态气象服务。2003年以来，青海省气象局围绕三江源生态保护，建立了全省生态气象观测网络，观测草原植被，建立生态气象监测预测业务，开展人工增雨作业，在三江源生态环境恢复方面发挥了保障作用。2004年以来，内蒙古自治区气象局在地方政府的支持下，建立全区生态气象观测网络，观测草原、森林、农田、荒漠生态系统和气象要素，探索生态气象自动观测技术，建立生态气象监测预测业务，实现对我国北部生态屏障的气象监测评估。2004年以来，辽宁、陕西、广西、江苏等省（自治区）气象局围绕地方政府生态保护的需求，开展了湿地、农田、荒漠生态系统以及重要生态保护区的气象监测预测服务。2016年，作为全国生态文明建设先行示范区，江西、贵州、福建三省政府要求气象部门建立气候资源保护与合理开发利用制度，适时出台气候资源开发利用与保护条例、应对气候变化办法，建立绿色价值评估机制，探索森林、湿地、草原等生态系统、生物多样性、流域生态、碳汇等重点领域的功能和价值，探索易操作、可推广的评估标准体系。

9.3 生态文明建设对科普工作的部署要求

国家和地方生态文明建设相关规划以及中国气象局党组均对生态文明建设中的科普工作给予高度重视并提出明确要求。

《全国重要生态系统保护和修复重大工程总体规划（2021—2035年）》中，生态气象重点保障工程被纳入九大工程之一。该规划明确提出要提高生态气象培训及科普能力。开展生态气象服务及相关业务的技术培训，加强培训资源和实习实训环境建设。建立生态气象科普基地和生态气象科普智能化信息服务平台，强化生态气象科普效果评估能力。

《国家生态文明试验区（江西）实施方案》和《国家生态文明试验区（贵州）实施方案》中，要求加大试验区建设的宣传力度，深入解读和宣传生态文明各项制度的内涵和改革方向，营造合力推进试验区建设的良好社会氛围。创新生态文明宣传方式方法，创作一批反映生态文明建设的艺术作品。创新生态文明教育培训机制，把生态文明建设纳入各类教育培训体系，编写生态文明干部读本和教材，推进绿色理念进机关、学校、企业、社区、农村。形成创建绿色学校、机关、村寨、社区、家庭的长效机制，大力发展生态文明志愿者队伍，吸引公众积极参与生态文明建设。

《中国气象局关于加强生态文明建设气象保障服务工作的意见》中提出加强科普宣传，凝聚共识。要加强生态文明建设重大专题组织策划和舆论引导，强化社会公众对生态安全、气候安全和绿色发展理念的认知，为生态文明建设气象保障服务发展营造良好氛围，不断扩大气象保障生态文明建设工作的社会影响力。适应生态文明建设需要，推进气象科普社会化、常态化、业务化、品牌化发展，面向各级政府、相关行业、社会公众开展分层次、宽领域、多手段的气象科普宣传，不断提升全社会尊重自然、顺应自然、保护自然的理念和意识（图9.1）。

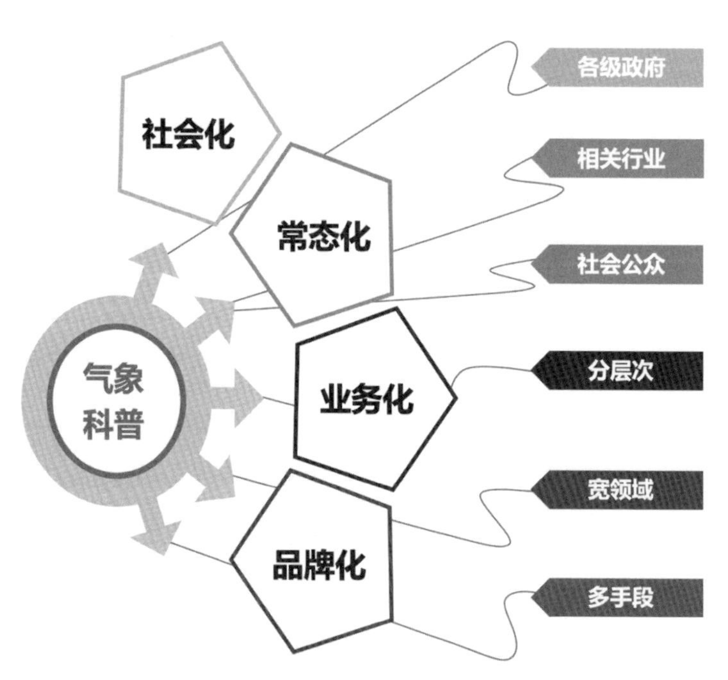

图9.1　适应生态文明建设需要的气象科普发展趋势（制图：李晨）

《“十四五”中国气象局应对气候变化发展规划》指出，“十四五”是我国大力推进生态文明建设、加快推进碳达峰与碳中和、转变经济发展方式、促进绿色低碳发展的重要战略机遇期。规划提出了包含“积极开展科学传播，努力提高社会认知”在内的五大主要任务。要求持续发挥品牌活动推动作用，不断扩大气候变化科学传播的覆盖面。结合新的科学传播技术与形式，做好气候变化科学普及和联合国政府间气候变化专门委员会（IPCC）评估报告的宣传工作。

9.4 气象科普融入生态文明建设的经验与挑战

9.4.1 气象科普融入生态文明建设气象保障服务案例

近年来，气象科普工作作为提升公民气象科学素质的重要途径，已经在气象防灾减灾、气象科技成果转化等众多领域发挥了先导性、补充性和桥梁纽带作用。在气象服务保障生态文明建设领域，气象科普也发挥了积极作用。

（1）以科普传播打造生态气象文化品牌，助力地方绿色发展

浙江省丽水市气象部门积极投身生态旅游发展大潮，挖潜气候与优质环境、生态文明的融合效应，通过监测生态气候环境、普查养生气候资源、分析生态气候养生适宜性、拟定品牌推广规划等一系列举措，形成包括“气候养生”在内的六大特色品牌养生产业，极大地提升了丽水的知名度和竞争力。在气象部门的全力打造下，丽水、开化、奉化、宁海及丽水龙泉等地分别创建了“中国气候养生之乡”“中国天然氧吧”品牌；杭州、云和、桐庐等地为“湘湖”“云和梯田”“富春江”

等旅游景区开展气象景观研究和气候适宜性论证，探索“观云”“观星”“摄影”气象条件预报，开发独具气候之美的旅游产品……气候品牌引发的“热点话题”为百姓津津乐道，气象服务日趋成为政府推进生态文明建设、旅游改革创新的有力支撑。湖南省张家界市气象局与市环保局合作开展环境污染治理工作，大力宣传气象与生态环境保护的密切关系，制作精细化生态气象旅游服务产品，为实现国家生态文明建设示范城市等创建活动提供气象服务保障。

（2）面向公众开展多种形式的科普活动，解疑释惑凝聚共识

从2009年起，中国气象局、中国气象学会联合农业部、科技部、中国科协等部门开始开展气象科技下乡活动。活动逐渐从启动仪式、赠送资料、现场考察等传统形式转变为以气象科普活动为着力点，将推进农村信息员队伍建设、提升气象科技惠农服务内涵、发挥气象科技应用效果等作为重点。在湖北省潜江市，社会各界广泛参与科技下乡，进一步增强了当地对气象科技惠农工作重要性的认识，地方财政每年拨付20万元用于农村气象防灾减灾建设。广东省仁化县作为新时代文明实践全国试点县，其南岭生态气象中心获得了2020年中央基层科普行动计划资金支持，基地内布设了40余种气象、生态环境监测设备，广泛组织开展以科技惠民、科学普及等为主要内容的科普志愿服务活动，是当地中小学校的实习实践基地。

（3）强化气象服务生态文明建设成效的科普传播，助推融入发展大局

生态文明气象科普既承担着进一步在全社会弘扬科学精神、普及科学知识，大幅度提升公民科技意识和科学素质的使命，还需要使有关部门进一步认识气象在生态文明建设中的基础性、公共性和科技性特点，进而推动政府优化决策。在辽宁，当地气象部门把生态保护红线划定作为生态文明建设气象服务的重要抓手，积极参与，统筹谋划、规划气象保障服务工作，取得良好成效。例如组织当地媒体以"画一条红线护辽沈绿水青山"为主题进行工作成效的公众宣传，以及面向政府的决策宣传，引导政府关注生态红线中的气象服务工作，促进气象服务工作得到政府更多的支持。在广西等地生态红线的划定中，气象部门也得到深度参与。2018年3月，江西省气象局联合江西省生态文明办举办了以"新时代、新理念、新气象"为主题的首届国家生态文明试验区气象保障服务论坛，影响广泛。

9.4.2 新时代生态文明建设对气象科普提出更高要求

目前，生态文明建设气象科普各项工作有部署有推进有成效，但距离党和国家的要求还存在差距。

（1）国家的相关顶层设计需要切实落实

《全国重要生态系统保护和修复重大工程总体规划（2021—2035年）》《国家生态文明试验区（江西）实施方案》《国家生态文明试验区（贵州）实施方案》等重大规划和方案中对生态文明科普特别是气象科普工作，已明确提出相关要求。一系列更高要求需要在地方持续落实落地，强化政策制定和高位推动，明确责任任务、目标举措，进一步提升生态文明建设气象科普宣传的质量水平。

（2）科普能力体系和长效机制需要持续构建

气象科普，重点在关注度、影响力，关键在人。各级气象部门对科普在气象服务生态文明建设中的角色定位和功能作用还需进一步梳理明确，从基础上解决对科普工作认识模糊、工作思绪不清、发展方向盲从、行动措施滞缓等问题。持续构建技术能力体系和长效机制，解决科普工作面临的挑战和难题，如：面对不同受众群体，科普基地如何建设；科普方式如何最优；如何借助图书、报纸、影视、网络和新媒体等多种传播手段和方式，形成具有广泛影响且独具特色的科学传播体系（图9.2）；如何形成一批以生态文明建设气象保障服务内容为主题的国家级大型品牌科普活动等。投入人力精力进行专题部署研究，克服简单说教，形成高质量产品。探索构建适应生态文明建设战略需求的气象科普工作方法，切实发挥气象科普工作在生态文明建设中的基础性、先导性、前瞻性作用。

图9.2　多种传播手段和方式的科学传播体系（制图：李晨）

9.5 生态文明建设中气象科普服务的内涵

问题是时代的声音，新时代呼唤新理论，新实践催生新方略。生态文明建设中气象科普的内涵应以习近平生态文明思想为根本遵循，围绕发挥气象在生态文明建设中的基础性、公共性和科技性作用，精准做好未来适应生态文明建设战略需求的气象科普服务新业态。

9.5.1 开展生态气象文化的科普传播

坚持生态兴则文明兴。要遵从自然生态演变和经济社会发展规律，将人类活动控制在自然生态可调节、可维护的范围内。普及传播生态环境的变化直接影响文明的兴衰演替，普及传播生态环境对人类生存的影响，以及如何维护利用好气候资源，普及生态好才能文明旺、国家美才能事业昌的观念。

9.5.2 开展生态环境和气象知识的科普传播

坚持人与自然和谐共生。健康稳定的自然生态系统能够为人类持续提供生命支持、生态调节、产品供给和文化娱乐等服务，对于维护生态安全和经济社会可持续发展具有重要意义。党的十九大报告要求坚决打好污染防治攻坚战，着力解决突出的环境问题。当前，我国大气、水、土壤、农村环境污染等问题依旧突出。加强开展生态环境系统科普知识传播具有现实意义。

大自然万物生长，离不开气候资源光、温度和水。“绿水青山就是金山银山”深刻揭示了发展与保护的本质关系，更新了关于自然资源的传统认识。发展理念和方式的深刻转变，也是执政理念和方式的深刻转变。气象科普应当融入其中，加强对生态环境、气象知识的传播，使决策者和公众充分理解绿色发展首先要坚持尊重自然、顺应自然、保护自然的基本理念。

9.5.3 开展对习近平生态文明思想和民生观的普及传播

坚持良好的生态环境是惠民的民生福祉。习近平总书记将生态环境建设作为关系党的使命宗旨的重大政治问题、关系民生的重大社会问题提出，是源自我们党全心全意为人民服务的根本宗旨，源自广大人民对改善生态环境质量的热切期盼，充分体现了习近平生态文明思想的基本民生观。为公众公共安全、福祉安康做好气象科普服务工作的同时，应当加强对习近平生态文明思想和民生观的普及传播。

9.5.4 开展生态文明建设气象法律法规普及传播

习近平总书记指出："只有实行最严格的制度、最严密的法治，才能为生态文明建设提供可靠保障。"气象服务在生态文明建设中的作用日益凸显：大气探测和生态监测系统服务于生态环境的建设，灾害性天气预报预警系统的建立使气象防灾减灾服务能力显著提升，人工影响天气工作在生态环境改善中发挥重要作用。而气象服务于生态文明建设离不开相关法律法规的规范引领。《中华人民共和国气象法》以及《人工影响天气管理条例》《气象灾害防御条例》《气象设施和气象探测环境保护条例》等系列配套行政法规确立了气象探测、气象预报预警、气象灾害防御、气候资源开发利用和保护、人工影响天气等工作的制度规范，是开展气象活动的基本遵循。开展气象法律法规的宣传普及，有利于提高全社会各行各业气象方面的法律意识和素质，为依法开展生态文明建设营造良好的法治环境。

9.5.5 提升公民生态环境科学素质

生态文明是人民群众共同参与、共同建设、共同享有的事业。公民生态环境素质是公民素质在生态环境领域的集中表现，是公民文明素质和社会文明程度的重要体现，涉及生态环境的知识素质、伦理素质、行为素质等。引导公民深度、有序参与生态环境保护，必须围绕习近平总书记强调的“生态文明建设同每个人息息相关，每个人都应该做践行者、推动者”“生态文明建设关乎人类未来，建设绿色家园是各国人民的共同梦想”，坚持建设美丽中国全民行动，坚持共谋全球生态文明建设，有效推进公民生态环境科学素质的提升。

9.6 气象科普工作在生态文明建设中的作用与价值

气候在生态系统演化和文明发展中具有重要的基础作用，这也决定了气象服务在生态文明建设中至关重要，气象部门必须承担起公共服务的责任。生态文明建设与国家的发展命运紧密相连，气象公共服务事业正进入一个重要战略机遇期。气象服务在生态文明建设中具有基础性、公共性和科技性特点，是生态文明建设的保障者、推动者和先行者。

基础性是由气候在生态系统演化和文明发展中的重要基础作用决定的。适宜的气候背景是人类生存发展的重要基础，良好的气候环境是社会文明进步程度和人与自然和谐的基本标志。气候资源是重要的可再生资源，是经济和社会发展的重要物质基础。气候变化问题是生态文明建设中需要解决的核心基本问题，人类与气候科普知识传播势在必行。

公共性是由气象事业所具有的“公益、公共、公有”特性所决定的。气象工作涵盖生态文明建设的众多过程、领域、节点，气象科技、气象大数据对各行业可行性研究与分析提供基础支撑。气象服务是公共性的社会资源，是政府公共服务的重要组成部分。作为公共服务的延伸，气象科普工作具有公益价值和商业价值。加强气象科普对生态文明建设各节点的服务，坚持以人为本，做好社会公众的气象科普服务，有利于推动生态文明更好地惠及民生。

科技性是由尊重自然、顺应自然、保护自然的生态文明理念所决定的。应当充分发挥气象事业在国家生态文明建设、应对气候变化工作中的基础性、科技性作用，做好应对气候变化的科技支撑，引领自然生态系统和环境保护。充分发挥气象对地球环境的立体化、自动化的综合观测和精细化的预报预测作用。做好适应气候环境的科技支撑，引领优化国土空间开发。科学合理地进行气候区划、开发利用气候资源，引领全面促进资源节约。发挥气象科普作用，让公众知晓国家和社会发展需要主动顺应气候规律，合理利用气候容量，统筹开发气候资源，科学应对气候变化，有效防御气候灾害，着力改善气候质量，树立文明发展理念。

气象科普作为公共气象服务的组成部分和延伸，是公共气象服务的前期性基础工作，对公共气象服务的有效开展起到先导性作用和带动作用。气象科普是基础性公益事业，是生态文明建设的重要基础和必要前提。气象科普工作在气象服务生态文明建设中的作用主要体现在：传播合理利用气候资源、气象防灾减灾、生态安全保障、有效防范环境风险等方面的气象科学知识、科学技术；传播气象在国民建设中发挥的科技作用和经济价值，引导政府科学决策；为各行各业科学应用气象大数据，特别是为在生态文明建设中科学应用大数据分析生态环境污染源治理、合理利用气候资源等提供支持。开展全方位气象服务，气象科普的定位是发挥先导及桥梁的关键作用，为气象服务保障经济社会发展奠定坚实的基础，为社会提供丰富的气候科普产品、气候生态科技产品，做公众健康宜居生活的引导者。

9.7 建立生态气象科普“五个一”平台发展模式

随着气象服务在生态文明建设中作用和地位的逐渐变化，气象科普的内涵、工作原则及路径都随之发生改变。构建适应生态文明建设战略需求的气象科普工作方法，推进生态气象科普工作的体制机制建立是气象科普发展的当务之急。

本研究提出依托气象科普公园、气象科普场馆、气象科普网、《气象知识》杂志、气象科普培训“五个一”气象科普平台（图9.3），构建“政府引导+部门联动+公众参与+气象科普”的生态气象科普发展模式，打造气象科普服务生态文明建设新业态。通过线下与线上相结合、传统媒体与新媒体相结合，“五个一”气象科普平台针对不同的应用场景各展所长，实现面向不同人群分众化、精准化、个性化生态气象科普服务，为政府推动、行业参与、部门协作开展生态气象科普工作提供有力抓手。

图9.3 “五个一”气象科普平台发展模式（制图：李晨）

通过“五个一”气象科普平台统筹规划、优势互补、联动协作，改变人们对气象、生态环境概念的模糊认识，协同促进公民生态气象科学素质的提升。准确把握公众对生态环境、气象科技知识的需求，以及气象工作在生态文明建设中的主要特性，切实遵循气候规律，扎实推进生态文明建设的科普传播工作。有效发挥气象科普服务的先导性保障作用，提升和发挥气象科普服务在生态文明建设中的价值。

9.8 关于新时代生态文明建设中气象科普工作的建议

从现实经验和调查研究中发现，科普与气象服务保障生态文明建设的业务工作密切相关。但目前存在对气象科普工作重视不够、气象科普内涵不丰富、气象科普工作如何与生态文明建设有机融合路径不清晰等问题。遵循习近平生态文明思想的方向，本研究梳理归纳了气象科普在生态文明建设中的内涵，明确了气象科普在生态文明建设中的作用和定位。下面将从政策、路径、方法上对如何更好地发挥气象科普在生态文明建设中的作用提出建议和方案。

9.8.1 在政策上，将气象科普作融入生态文明建设整体规划

（1）加强生态文明建设中气象科普工作的顶层设计

应当充分认识到气象科普就是气象公共服务的重要组成部分，气象科普应当融入气象服务生态文明建设的整体工作之中。在国家层面上，组织制定提升气候与生态科普的规划或行动计划、目标、原则、任务和措施，充分调动政府相关部门、媒体、教育系统、科学机构、非政府组织的积极性，将提升公民气候素质和媒体、教育系统、社区体系紧密结合，提高全社会对气象在生态文明建设中不可或缺重要作用的认识。

（2）建立健全生态文明建设中气象科普的评价体系

一方面，生态文明建设相关规划中应有气象科普的部署，将其纳入各级气象部门服务生态文明建设的绩效考核指标体系。另一方面，要把气候素质提升纳入对各级政府的绩效考核中。

（3）制定生态文明建设中气象科普工作的总体目标

气象科普应采取融入式发展，做好与生态文明建设气象方案主要任务的对照衔接，使生态文明建设中气象科普的整体思路更加清晰，

工作目标更加明确。从服务生态文明建设的科学研究、系统建设、业务发展、服务拓展等各个方面统筹考虑，制定生态文明建设中气象科普工作的总体目标。

9.8.2 在路径上，通过气象科普打造气象服务生态文明建设新业态

（1）加强气象科普公园建设，为公众营造绿水青山环境

加强生态气象科普公园建设，展现生态文明、气象科技发展、气象文化发展历程，让公众了解气候资源及气候变化规律，提升公众生态气象素质。使气象科普公园的绿水青山持续发挥生态效益，为人民生活创造良好的生态环境，为子孙后代留下可持续发展的“绿色银行”。

（2）加强生态气象知识普及，奠定生态文明建设舆论基础

气象科普应为气象服务保障生态文明建设做好舆论铺垫。组织引导气象部门积极参与和融入地方生态文明建设，打造气象科普新业态，撬动气候资源这根“杠杆”。例如，近些年通过气象科普不断深入农村，辐射农民，民众对人工影响天气的理解程度越来越高，破坏人工影响天气的设备、干涉人工影响天气作业的事件逐渐减少。应使民众不仅认识到人工影响天气是人类科学把握客观规律、防雹减灾的有效利器，也意识到通过人影作业可以开发利用空中云水气象资源，改善和修复生态环境。我国贫困地区多为生态环境脆弱、自然灾害频发区，对气象服务有着巨大需求。应当继续深化对气象防灾减灾、生态文明建设相关科学知识的普及，为气象保障生态文明建设奠定舆论基础。

（3）气象科普融入品牌打造，推动气候好产品新业态发展

气象服务保障生态文明建设离不开政策和市场两方面的支持，气象科学恰好能够发挥其优势，使绿水青山真正变成金山银山。借助气象科普的桥梁纽带作用，通过面向政府决策及有关部门、社会各界的不断科普，气候也是一种资源已经被逐步认知，通过挖掘气候资源，气象服务出现新的模式。将气象科普融入“国家气候标志”气象服务生态文明建设新品牌的打造过程，作为推广天然氧吧、气象公园、气候好产品、宜居城市、海绵城市、气候养生乡的先锋力量。将围绕品牌开展的宣传科普活动作为气象科普新业态，实现从“说教式科普”到“参与式科普”的升级。

9.8.3 在方法上，通过技术驱动提升气象科普在生态文明建设中的作用

（1）增加传播场景，扩大覆盖人群

以技术创新为驱动力，探索构建适应生态文明建设战略需求的气象科普新格局。利用图像、视频、沉浸式互动、数字化产品等，挖掘气象信息与生态文明建设的相关性。把科普传播入口从纸张、电视、网站、手机向外延伸，延伸到生态保护与建设地区的农家乐大屏、生态旅游景点、教室、工厂等场景，打造“无处不在、全面融合”的气象科普技术体系，将气象科普充分渗入到生态文明建设的各种细节中，扩大信息覆盖人群。

（2）丰富产品形式，提升科普价值

贯彻落实习近平总书记对媒体融合的重要指示，持续追踪全媒体

技术前沿成果，创造性地研发科普传播产品。充分使用虚拟现实、增强现实、混合现实等新技术，打造沉浸式互动，提升受众体验。把学习气象生态知识和用好生态知识进行融合，提升公众驾驭气象科技的能力，激发其保护环境、应对气候变化、巧用气候资源的潜力。

（3）创新气象科普，推动行业服务转型

生态文明科普工作不在一朝一夕，需要潜移默化地改变人们的生态理念。将知识图谱、人机交互、自动文本生成等技术运用于气象科普的分发，服务于不同地区的用户。针对不同生态地区、不同行业和不同生态气象服务需求的用户，提供专属的、个性化的科普产品和功能体验。通过技术赋能释放人力成本，升级气象科普服务，优化气象服务行业结构。

本章内容来源于2020年中国气象局软科学研究重点项目“生态文明建设中气象科普的作用与定位研究”（2020ZDIANXM13）成果，并根据最新信息进行了补充完善。

参考文献

巢惟忠,徐建中,苏志侠,2013.气象科普素养指标体系及评估方法研究[C]//中国气象学会.创新驱动发展 提高气象灾害防御能力:S17第五届气象科普论坛:7.

陈超,2006.借鉴国外科普经验 发展我国科普事业[J].科学对社会的影响(2):35-38.

陈翀,马孝文,李忠明,2015.论我国气象科普评估指标体系构建[J].农村经济与科技,26(2):193-194+62.

陈云峰,刘波,任珂,等,2018.科普工作常态化长效化的思考与探索:以气象科普业务化为例[J].科技传播,10(20):179-181.

成瑶瑶,郝莹莹,2020.健全科普人才培训体系 打造高质量科普人才队伍:基于国内重点省市科普法规的条文分析及思考建议[J].科技中国(9):69-72.

崔林蔚,杨志萍,2018.基于科普要素的科普评估研究综述[C]//中国科普研究所.中国科普理论与实践探索:新时代公众科学素质评估评价专题论坛暨第二十五届全国科普理论研讨会论文集:14.

董光璧,2003.探索科普产业化的道路[J].求是(5):48.

董全超,许佳军,2011.发达国家科普发展趋势及其对我国科普工作的几点启示[J].科普研究,6(6):16-21.

方舒瑶,李亦中,2014.略论科普电视节目传播[J].现代传播,36(2):71-74.

高健,陈玲,2015.全球科学教育改革背景下我国科普工作面临的机遇和挑战[C]//中国科普研究所,湖南省科学技术协会.全球科学教育改革背景下的馆校结合:第七届馆校结合科学教育研讨会论文集:6.

国家发展改革委,科技部,财政部,等,2008.科普基础设施发展规划(2008—2010—2015)[EB/OL].(2008-11-14)[2022-01-14].http://www.most.gov.cn/kjzc/gjkjzc/kxjspj/201308/P020130823585107817034.pdf.

国家发展改革委,自然资源部,2020.全国重要生态系统保护和修复重大工程总体规划(2021—2035年)[EB/OL].(2020-06-03)[2022-01-14].http://gi.mnr.gov.cn/202006/t20200611_2525741.html.

国务院,2006.全民科学素质行动计划纲要(2006—2010—2020年)[M].北京:人民出版社.

国务院,2021.2030年前碳达峰行动方案[EB/OL].(2021-10-24)[2022-01-14].http://www.gov.cn/zhengce/content/2021-10/26/content_5644984.htm.

国务院,2021.全民科学素质行动规划纲要(2021—2035年)[M].北京:人民出版社.

国务院.国家中长期科学和技术发展规划纲要(2006—2020年)[EB/OL].(2006-02-07)[2022-01-14].http://www.gov.cn/jrzg/2006-02/09/content_183787.htm.

韩琦,陈石定,张蒙蒙,2019.加强气象科普人才队伍建设的对策[J].传播力研究,3(22):230+232.

郝琴,2021.四大区域科普资源建设评估与分析[J].中国科技资源导刊,53(3):59-66.

何丹,2013.科普资源配置及共享的理论与实践[M].北京:冶金工业出版社.

何薇,张超,任磊,2016.中国公民的科学素质及对科学技术的态度:2015年中国公民科学素质抽样调查结果[J].科普研究,11(3):12-21+52+116.

何薇,张超,任磊,等,2021.中国公民的科学素质及对科学技术的态度:2020年中国公民科学素质抽样调查报告[J].科普研究,16(2):5-17.

胡锦涛,2012.坚定不移沿着中国特色社会主义道路前进 为全面建成小康会而奋斗:在中国共产党第十八次全国代表大会上的报告[J].前线(12):6-25.

胡俊平,钟琦,罗晖,2015.科普信息化的内涵、影响及测度[J].科普研究,10(1):10-16.

胡萌,朱安红,2012.江西省科普效果指标体系及综合评价研究[J].科技广场(12):21-24.

姜辰凤,姜萍,2019.美国科普志愿者的建设经验及启示[J].科普研究,14(1):80-86+111.

康雯瑛,任珂,刘波,等,2020.气象科普助推乡村振兴发展研究[J].科技传播,12(8):47-49.

康雯瑛,任珂,温晶,等,2020.近10年中小学气象科技教育研究与实践[J].科技传播,12(11):12-17.

康雯瑛,赵洪升,温晶,等,2020.新时代气象科普工作的定位与可持续发展路径研究[J].气象科技进展,10(2):125-126.

科技部,中央宣传部."十三五"国家科普与创新文化建设规划[EB/OL].(2017-05-08)[2022-01-14].http://www.most.gov.cn/xxgk/xinxifenlei/fdzdgknr/fgzc/gfxwj/gfxwj2017/201705/t20170525_133003.html.

科学技术部,中宣部,国家发展和改革委员会,等.关于科研机构和大学向社会开放开展科普活动的若干意见[EB/OL].(2006-11-30)[2022-01-14].http://www.most.gov.cn/ztzl/gjzctx/ptzcjykp/200802/t20080225_59251.html.

李滨,刘莹,2016.辽宁农业信息化发展模式研究[J].电脑知识与技术,12(4):236-239.

李晨,2017.气象科普特色品牌构建研究[J].科技资讯,15(23):218-219.

李健民,陈晓华,郁增荣,等,2006.上海科普工作绩效评估指标体系研究报告[R].上海科技发展基金软科学研究项目:1-32.

李健民,刘小玲,张仁开,2009.国外科普场馆的运行机制对中国的启示和借鉴意义[J].科普研究,4(3):23-29.

李陶陶,2018.科普供给问题探因与对策[J].三峡大学学报（人文社会科学版）,40(5):113-116.

李陶陶,2021.基于社会教育属性探讨科普功能的实现[J].科技传播,13(3):1-5.

李陶陶,2021.科技类谣言与科普的传播力对比分析[J].科技传播,13(9):1-4+16.

李文凯,2004.美国政府机构网站的科普工作[J].全球科技经济瞭望(7):46-47.

李燕祥,2014.关于建立科普职称系列与职业规范等问题的思考[J].科协论坛(8):25-26.

李忠明,2016.中国气象科普体系构建研究[M].北京:气象出版社.

梁漱溟,2005.梁漱溟全集(第二卷)[M].济南:山东人民出版社.

廖文国,赵飞,李章华,2002.科研院所综合评价指标体系和评价方法[J].北京联合大学学报(2):50-54.

林方曜,2012.论气象科普在提升公民科学素质中的优势与作用[J].学会(7):58-61.

刘波,2018.我国气象科技人才科普积极性的激励研究[J].科技传播,10(24):128-130.

刘波,任珂,康雯瑛,2017.气象科普在公共气象服务中的重要作用论述:先导性、桥梁纽带和补充性作用[J].科技视界(12):219+114.

刘波,任珂,康雯瑛,等,2017.关于气象科普信息化建设思考和探讨[J].科技视界(13):48-49.

刘波,任珂,康雯瑛,等,2018.具有“智慧气象”特征的现代化气象科普信息化建设研究[J].科协论坛(7):21-23.

刘波,任珂,王海波,2018.科研院所科普效果评价指标与方法探讨:以中国气象科学研究院为例[J].科协论坛(2):6-9.

刘波,任珂,徐嫩羽,2017.从党和国家领导人近10年对科普工作的重要论述看气象科普的未来发展[J].科技传播,9(12):87-90.

刘波,王海波,2017.气象科普在舆论引导和突发公共事件应对方面的重要作用研究[J].科协论坛(12):21-23.

刘波,王海波,2017.我国气象防灾减灾科普教育的现状、对策和发展建议[J].科技视界(10):12-13.

刘波,王海波,吕明辉,等,2017.气象科学知识普及率调查方法及指标构建研究[J].科技传播,9(17):99-102.

刘波,王海波,任珂,2017.突发和重大天气气候事件应急科普机制研究[J].科技传播,9(18):106-107.

刘波,王海波,徐嫩羽,2017.从气象科学知识普及率的调查结果看我国气象科普工作的区域差异[J].科技视界(12):208-210.

刘波,王海波,徐嫩羽,2017.现代化气象科普工作评估指标体系初探[J].科技传播,9(18):108-111.

刘波,翟劲松,王海波,2017.科学可视化在气象科普中的应用初探[J].科协论坛(8):8-10.

刘珙,2003.世界信息化发展的几种模式[J].甘肃社会科学(6):72-74+80.

刘海龙,2008.大众传播理论:范式与流派[M].北京:中国人民大学出版社.

马磊,2006.走近“科学”象牙塔:国外科普活动及对广东的启示[J].广东科技(7):8-9.

梅华,李平,2012.与谣言争夺舆论主动权:应对6·11武汉雾霾气象事件舆论引导工作的启示[J].武汉宣传(12):46-47.

莫扬,荆玉静,刘佳,2011.科技人才科普能力建设机制研究:基于中科院科研院所的调查分析[J].科学学研究,29(3):359-365.

潘龙飞,周程,2016.基于新媒体的大型科普活动效果评估:以2015年全国科普日为例[J].科普研究,11(6):48-56+101-102.

乔卿,2014.科研院所科技人才综合指标体系评价的研究[J].经济师(10):226-228.

全国干部培训教材编审指导委员会,2019.推进生态文明 建设美丽中国[M].北京:人民出版社.

任珂,2017.气象科普产品开发的现状与发展方向探索[J].科技传播,9(9):77-79.

任珂,刘波,王海波,2017.气象科普工作发展的环境与需求分析[J].科技视界(17):87-88+15.

任珂,王晓凡,蒲秀姝,等,2021.浅谈我国气象网络科普的发展与策略:以中国气象科普网站为例[J].科技传播,13(18):20-22.

任嵘嵘,杨帮兴,郑念,等,2020.中国科普人才政策25年以来的演变、趋势与展望[J].中国科技论坛(4):139-150.

邵俊年,任珂,王省,2018.我国气象科普资源建设的实践与思考[J].科技传播,10(11):10-12.

史晓丽,2019.浅谈科普志愿者素质教育的几点思考[J].科技与创新(12):96-97.

孙楠,2013.气候科学素养初探:第30届中国气象学会年会论文集[C/OL].中国气象学会[2022-01-14].https://d.wanfangdata.com.cn/conference/8188005.

佟贺丰,2006.国外强化科普工作的相关规定和做法[J].全球科技经济瞭望(8):9-11.

王超,2012.国内外生态文明视野下的公众参与制度探析[J].法制与经济(中旬)(7):61.

王海波,孙健,邵俊年,等,2015.我国气象科普政策法规现状研究及对策分析[J].科技管理研究,35(8):25-29.

王海波,徐嫩羽,2015.发达国家网络气象科普研究及对我国的启示[J].科技传播,7(1):167-171.

王立龙,晋秀龙,陆林,2017.公众生态文明素养及其科普教育研究[J].中国环境管理,9(3):52-58.

王省,2020.新时期科技馆的创新发展研究[J].科技传播,12(13):9-11.

王省,林细俤,李陶陶,等,2021.国家级"1+N"气象科普基地体系共建探究[J].科技传播,13(18):54-57.

王晓凡,李陶陶,李晨,等,2020.融媒体时代气象科普产品研发需求及对策[J].科技传播,12(16):12-17.

王晓凡,武蓓蓓,张倩,2019.新时代气象服务保障国家重大战略对科普工作的新需求[J].气象软科学(3):96-102.

王晓凡,张倩,朱紫阳,2021.新世纪我国气象科普图书发展研究[J].科普研究,16(3):67-73+110.

王延飞,2015.推进科普信息化应突出五个"着力"[J].科协论坛(11):8-12.

吴先华,刘华斌,郭际,等,2014.公众应对气象灾害风险的行为特征及其影响因素研究:基于深圳市3109份调查问卷的实证[J].灾害学,29(1):103-108.

伍建民,2008.关于科普的思考:我们该向国外同行学习什么?:美国、加拿大科普考察启示录[J].科技潮(2):50-53.

习近平,2016.为建设世界科技强国而奋斗:在全国科技创新大会、两院院士大会、中国科协第九次全国代表大会上的讲话[J].科协论坛(6):4-9.

习近平,2017.决胜全面建成小康社会 夺取新时代中国特色社会主义伟大胜利:在中国共产党第十九次全国代表大会上的报告[N].人民日报,2017-10-28(1).

习近平,2018.坚决打好污染防治攻坚战推动生态文明建设迈上新台阶[N].人民日报,2018-05-20(1).

谢小军,2008.美国科促会的三个科学教育项目对我国科普事业的点滴启示[J].今日科苑(23):116.

邢炜,2014.信息化发展模式与推进路径浅析[J].宏观经济管理(6):73-74.

熊可慧,2016.科学素养的内涵、测量及提升策略研究[J].高教学刊(11):256-257+259.

徐嫩羽,2019.气象科普渠道建设初探[J].科技传播,11(8):19-22.

徐嫩羽,王海波,2019.VR/AR技术在气象科普领域中的应用研究[J].科技传播,11(17):185-186.

姚锦烽,徐嫩羽,左骏,2017.中国气象科技展厅发展现状与对策建议[J].科技传播,9(10):101-104.

姚昆仑,2005.国外科普奖励一瞥[J].中国科技奖励(2):12-13.

俞学慧,2012.科普项目支出绩效评价体系研究[J].科技通报,28(5):210-218.

袁梦飞,周建中,2019.我国高层次科普人才培养的现状与建议[J].中国科学院院刊,34(12):1431-1439.

张红岩,张军辉,2009.国外优秀儿童网站的特色及启示[J].上海教育科研(6):58-60.

张星海,2012.发展生态科技的对策研究[J].科技管理研究(7):29-32.

张义芳,武夷山,张晶,2003.建立科普评估制度,促进我国科普事业的健康发展[J].科学学与科学技术管理(6):7-9.

张志敏,郑念,2013.大型科普活动效果评估框架研究[J].科技管理研究,33(24):48-52.

赵东平,高宏斌,赵立新,2020.中国科普人才发展存在的问题与对策[J].科技导报,38(5):92-98.

赵立新,佟贺丰,2007.国际科普形势与发展[M].北京:科学技术文献出版社.

郑念,2020.场馆科普效果评估概论[M].北京:中国科学技术出版社.

郑念,廖红,2007.科技馆常设展览科普效果评估初探[J].科普研究(1):43-46+65.

郑念,张义忠,孟凡刚,2011.实施科普人才队伍建设工程的理论思考[J].科普研究,6(3):20-26.

中共中央,国务院,1994.关于加强科学技术普及工作的若干意见[EB/OL].(1994-12-05)[2022-01-14].http://kjj.czs.gov.cn/zwgk/zcfg/content_3080589.html.

中共中央,国务院,2010.国家中长期人才发展规划纲要(2010—2020年)[EB/OL].(2010-06-06)[2022-01-14].http://www.gov.cn/jrzg/2010-06/06/content_1621777.htm.

中共中央,国务院,2015.关于加快推进生态文明建设的意见[EB/OL].(2015-03-24)[2022-01-14].http://www.gov.cn/xinwen/2015-05/05/content_2857363.htm.

中共中央,国务院,2015.生态文明体制改革总体方案[EB/OL].(2015-09-11)[2022-01-14].http://www.gov.cn/guowuyuan/2015-09/21/content_2936327.htm.

中共中央,国务院,2016.关于推进防灾减灾救灾体制机制改革的意见[EB/OL].(2016-12-19)[2022-01-14].http://www.gov.cn/zhengce/2017-01/10/content_5158595.htm.

中共中央,国务院,2018.关于实施乡村振兴战略的意见[EB/OL].(2018-01-02)[2022-01-14].http://www.gov.cn/zhengce/2018-02/04/content_5263807.htm.

中共中央,国务院,2018.乡村振兴战略规划(2018—2022年)[EB/OL].(2018-09-26)[2022-01-14].http://www.moa.gov.cn/ztzl/xczx/xczxzlgh/201811/t20181129_6163953.htm.

中共中央,国务院,2019.关于坚持农业农村优先发展做好“三农”工作的若干意见[EB/OL].(2019-01-03)[2022-01-14].http://www.gov.cn/zhengce/2019-02/19/content_5366917.htm.

中共中央,国务院,2020.关于抓好“三农”领域重点工作 确保如期实现全面小康的意见[EB/OL].(2020-01-02)[2022-01-14].http://www.gov.cn/zhengce/2020-02/05/content_5474884.htm.

中共中央,国务院,2021.关于全面推进乡村振兴 加快农业农村现代化的意见[EB/OL].(2021-01-04)[2022-01-14].http://www.gov.cn/zhengce/2021-02/21/content_5588098.htm.

中共中央办公厅,国务院办公厅,2016.2006—2020年国家信息化发展战略[EB/OL].(2016-03-19)[2022-01-14].http://www.gov.cn/test/2009-09/24/content_1425447.htm.

中国科普研究所,2003.科普效果评估理论和方法[M].北京:社会科学文献出版社.

中国科普研究所,2018.中国科普理论与实践探索[M].北京:科学出版社.

中国科协,农业农村部,2019.乡村振兴农民科学素质提升行动实施方案(2019—2022年)[EB/OL].(2019-01-07)[2022-01-14].https://www.cast.org.cn/art/2019/1/11/art_51_92392.html.

中国科学技术协会,2010.中国科协科普人才发展规划纲要(2010—2020年)[EB/OL].(2010-07-22)[2022-01-14].http://www.bjkx.gov.cn/index.php?ie=2-207-8251-1.

中国科学技术协会,2016.中国科协科普发展规划(2016—2020年)[EB/OL].(2016-03-18)[2022-01-14].http://scitech.people.com.cn/n1/2016/0319/c1007-28211068.html.

中国科学技术协会,2021.中国科协科普发展规划(2021—2025年)[EB/OL].(2021-11-17)[2022-01-14].https://www.cast.org.cn/art/2021/11/19/art_51_173643.html.

中国气象局,2017.关于加强气象防灾减灾救灾工作的意见[EB/OL].(2017-12-29)[2022-01-14].http://www.cma.gov.cn/root7/auto13139/201801/t20180109_459750.html.

中国气象局,2017.关于加强生态文明建设气象保障服务工作的意见[EB/OL].(2017-12-12)[2022-01-14].http://www.cma.gov.cn/root7/auto13139/201806/t20180615_470985.html.

中国气象局,2018.气象科普发展规划(2019—2025年)[EB/OL].(2018-12-19)[2022-01-14].http://www.cma.gov.cn/root7/auto13139/201812/t20181225_486553.html.

中国气象局,2019.中国气象局职称评审管理办法[EB/OL].(2019-11-01)[2022-01-14].http://www.cma.gov.cn/root7/auto13139/201911/t20191118_540012.html.

中国气象局,国家发展改革委,2021.全国气象发展“十四五”规划[EB/OL].(2021-11-24)[2022-01-14].http://zwgk.cma.gov.cn/zfxxgk/gknr/ghjh/202112/t20211208_4295610.html.

中华人民共和国科学技术部,2020.中国科普统计2019年版[M].北京:科学技术文献出版社.

中华人民共和国科学技术部,2020.中国科普统计2020年版[M].北京:科学技术文献出版社.

Miller, J. D,1983. Scientific literacy: A conceptual and empirical review[J]. Daedalus,112(2):29-48.

中国气象科普网

北京 6℃/-5℃
中国气象局主办
中国气象科普网
“科普中国”品牌网站
请输入关键字搜索
首 页
资讯服务
灾害防御
气象百科
科普基地
品牌活动
融媒产品
视频直播
互 动
河南多地惊现“白光”到底是什么？
十二月新闻发布会
中国气象局12月新闻发布会
拉娃也疯狂
打开天窗第八期-《拉娃也疯狂？！》
11月“天象剧场”轮番上映精彩大片—观星看月“剧场指南”

气象百科
更多>>
气象谚语
人工影响天气
二十四节气
气候与气候变化
气象指数
仪器装备
气象术语
其它
圆明园中的天文气象仪器
气象观测仪器大“变脸”
气象观测仪器知多少？
“海市蜃楼”是如何形成的？
五问华西秋雨
我国首次开展天地空协同二氧化碳观测
我国208部新一代天气雷达“在岗”业务运行
辟谣
/01 2021年11月“科学”流言榜：天气...
/02 只要粮食作物不绝种就不会挨饿？...
/03 10月“科学”流言榜 | 心血管病专...
/04 电池总要充到100%？别这么做，电...
/05 海鱼里也有寄生虫，处理不当吃了...
品牌活动
更多>>
聊天儿
奋斗百年路 启航新征程
融媒产品
更多>>
新月，又称
大雪

国际上比较有代表性的网络科普资源

英国气象局官网提供的校园气象教育资源

JetStream天气在线学校网站页面

美国国家海洋和大气管理局（NOAA）教育资源网站页面

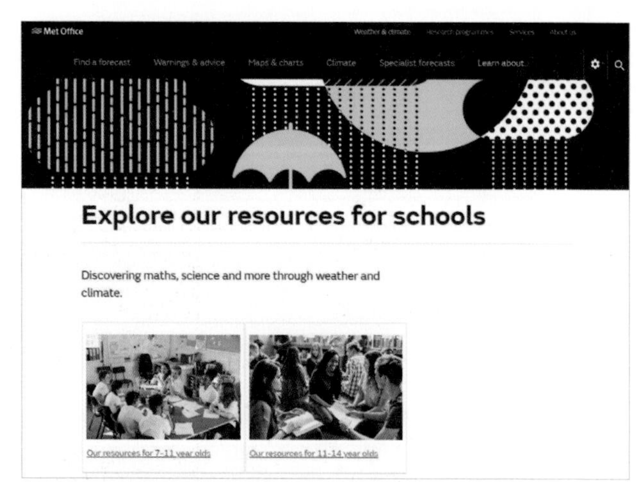

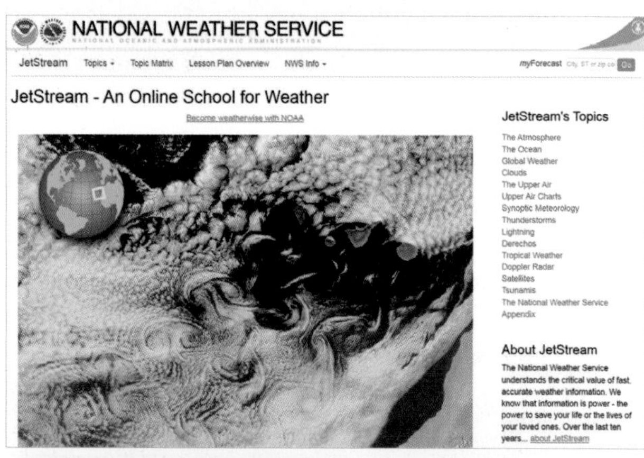

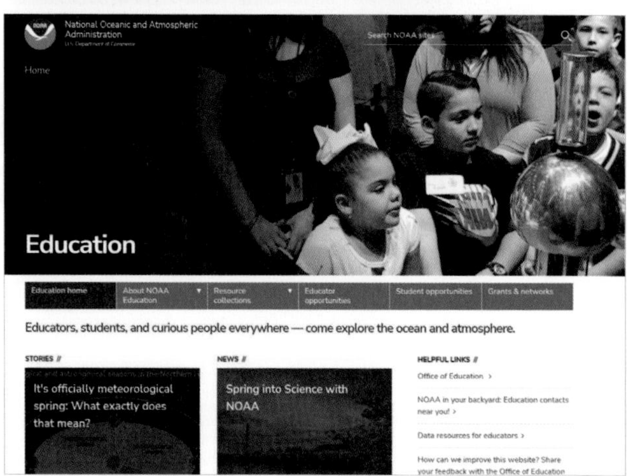

中国气象局气象科技下乡活动现场

中国气象法律法规体系

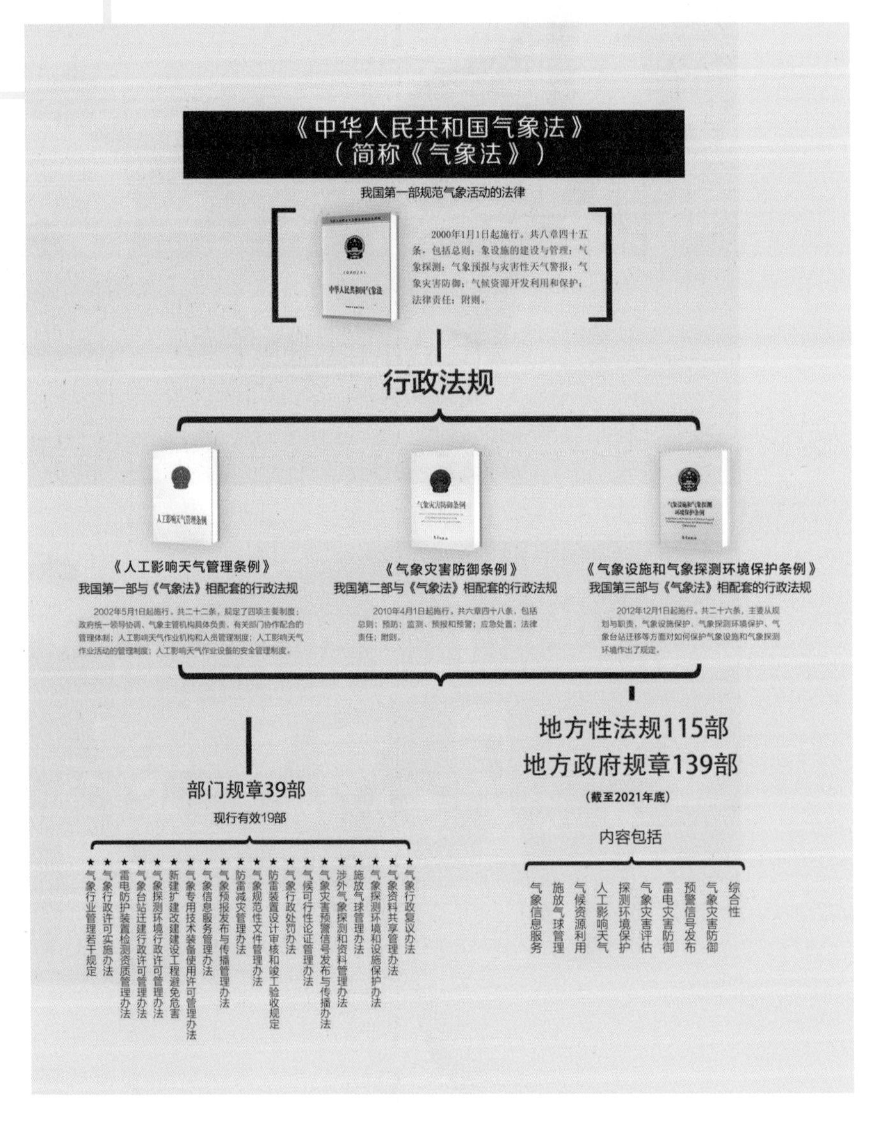
《中华人民共和国气象法》
（简称《气象法》）
我国第一部规范气象活动的法律
2000年1月1日起施行。共八章四十五条，包括总则；象设施的建设与管理；气象探测；气象预报与灾害性天气警报；气象灾害防御；气候资源开发利用和保护；法律责任；附则。
行政法规
《人工影响天气管理条例》
我国第一部与《气象法》相配套的行政法规
2002年5月1日起施行。共二十二条，规定了四项主要制度：政府统一领导协调、气象主管机构具体负责、有关部门协作配合的管理体制；人工影响天气作业机构和人员管理制度；人工影响天气作业活动的管理制度；人工影响天气作业设备的安全管理制度。
《气象灾害防御条例》
我国第二部与《气象法》相配套的行政法规
2010年4月1日起施行。共六章四十八条，包括总则；预防；监测、预报和预警；应急处置；法律责任；附则。
《气象设施和气象探测环境保护条例》
我国第三部与《气象法》相配套的行政法规
2012年12月1日起施行。共二十六条，主要从规划与职责、气象设施保护、气象探测环境保护、气象台站迁移等方面对如何保护气象设施和气象探测环境作出了规定。
部门规章39部
现行有效19部
★气象行业管理若干规定
★气象行政许可实施办法
★雷电防护装置检测资质管理办法
★气象台站迁建行政许可管理办法
★气象探测环境行政许可管理办法
★新建扩建改建建设工程避免危害
★气象专用技术装备使用许可管理办法
★气象信息服务管理办法
★气象预报发布与传播管理办法
★防雷减灾管理办法
★气象规范性文件管理办法
★防雷装置设计审核和竣工验收规定
★气象行政处罚办法
★气候可行性论证管理办法
★气象灾害预警信号发布与传播办法
★涉外气象探测和资料管理办法
★施放气球管理办法
★气象探测环境和设施保护办法
★气象资料共享管理办法
★气象行政复议办法
地方性法规115部
地方政府规章139部
（截至2021年底）
内容包括
气象信息服务
施放气球管理
气候资源利用
人工影响天气
探测环境保护
气象灾害评估
雷电灾害防御
预警信号发布
气象灾害防御
综合性